Bake Shop!

Bake Shop!

Bake Shop!

烘焙坊是一種新式點心店。

店裡琳琅滿目的點心看似樸實無華，卻隱約流露出清新質感。

時至今日，

像磅蛋糕及烤盤糕點（traybake）、甜鹹派、水果塔、

司康、馬卡龍及餅乾等具有渾然天成美味的烘焙品，

也開始受到人們的注意。

本書為您收錄10家烘焙坊＝點心店，

帶您了解它們別出心裁的店鋪風格，以及美味可口的私房食譜。

Contents

Cake & more...!

Cookie!

Muffin & Scone

Staff
攝影…中島聡美
設計…飯塚文子
英語校對…安孫子幸代
編輯…井上美希、諸隈のぞみ、瀬戸理恵子、村山知子

●材料須知

・奶油、蛋、牛奶、鮮奶油、酸奶油、優格、奶油起司、人造奶油等烘焙材料，如果在作法中沒有特別標示，皆請放置至室溫再使用。

・奶油如果在作法中沒有特別標示，請使用無鹽奶油。

・材料中麵粉後的（），是註記採訪店家所使用的品牌和製造商。雖然未必要使用同品牌麵粉才能烘焙，但若使用他牌麵粉，可能需要適度調整。

・堅果若無特別標示，請使用烘烤過的堅果。

●本書須知

・1大匙為15cc、1小匙為5cc。

・烘焙模型的直徑和長度，如果在作法中沒有特別標示，代表是模型頂端的尺寸。

・烤箱請務必預熱。

・烘焙溫度與時間會因烤箱的種類和設置場所而有所不同，請觀察烘焙的狀態進行調整。如果烤箱內部有溫度差，可在烘焙過程中透過將烤盤位置前後轉向等方式調整。

・本書所刊載的價格均為未稅價格。

・書中資訊皆來自2016年1至2月的採訪報導，店家的商品種類和價格、營業日及時間等，可能因實際情況而有所變動。

Cake & more ...!

Rose cupcakes

玫瑰杯子蛋糕

在口感滑順且略帶苦味的巧克力蛋糕上，
以奶油糖霜擠出玫瑰，相當羅曼蒂克。

ユニコーンベーカリー©島澤安從里

材料（底部直徑5cm．高3cm的馬芬模30個份）

◎可可亞杯子蛋糕

上白糖……340g

鹽……1 小匙

A ┌ 低筋麵粉（DMS／柄木田製粉）……225g
  │ 泡打粉一……1.5 小匙
  └ 小蘇打粉……1.5 小匙

可可亞粉……100g

全蛋（L 尺寸）……2顆

B ┌ 牛奶……240cc
  │ 芥花籽油……120cc
  └ 香草精……2 小匙

滾水……240cc

◎奶油糖霜

有鹽奶油……300g

糖粉……840g

香草精……1.5 小匙

牛奶……約 3 大匙

粉紅色糖霜色素（Wilton）……適量

●可可亞杯子蛋糕

1 在調理盆中放入上白糖和鹽後，將A料和可可亞粉依序過篩加入，以打蛋器拌勻。

2 於步驟*1*的調理盆中加入全蛋，再加入B料。

3 以手持式電動攪拌器以低速粗略攪拌後，再以中速攪拌約2分鐘。

4 材料攪拌至全體呈現滑順帶光澤的質地（如圖）。

5 加入滾水後，以橡皮刮刀拌勻。

6 將蛋糕紙模鋪在馬芬模上後，以冰淇淋挖杓舀起材料，倒入模中至約2/3滿。

7 放入預熱至180℃的烤箱，烘烤22分鐘。以竹籤刺入蛋糕，若沒有麵糊黏附，便可連同烤模取出烤箱，於網架上放涼。待蛋糕的溫度不燙手，又不會沾黏於烤模時，將蛋糕從烤模中取出冷卻。

●奶油糖霜

1 將有鹽奶油放入盆內，以手持式電動攪拌器以高速打發成柔軟的霜狀。

2 將1/4的糖粉過篩加入盆內，先以手持式電動攪拌器以低速粗略攪拌後，再以中速將材料攪拌均勻。本步驟重複2次。

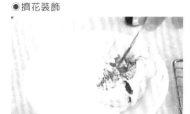

3 加入香草精和牛奶，以手持式電動攪拌器以低速攪拌。牛奶分次倒入，將材料調整至容易攪拌的糊狀。★1

4 剩餘的糖粉過篩加入調理盆後，以步驟2的方式攪拌至質地滑順，拿起攪拌器時呈現尖角狀態即可。★2

1 以橡皮刮刀將約2刮刀奶油糖霜刮至小調理盆，以牙籤挑起少許粉紅色糖霜色素加入調理盆中。

2 攪拌至顏色均勻。

3 擠花袋裝上玫瑰花嘴後，將約2刮刀的白色糖霜裝填到袋中。將擠花袋平放在桌上，以切板將糖霜推往花嘴的方向。

4 將步驟1的粉紅色糖霜取適量到步驟3的白色糖霜中央，以抹刀往下壓入。將擠花袋放入玻璃杯較容易作業。

5 步驟3至4再重複2次，最後以切刀依照步驟3的方式，把糖霜推往花嘴。★3

6 花嘴以垂直向下的角度，於可可亞杯子蛋糕的中央，輕擠出約1cm高的奶油糖霜。

7 於上方繞1小圈，作出花芯。

8 再擠2圈奶油糖霜，圍住花芯。圖為擠第1圈的樣子。

9 繞完第1圈，準備擠第2圈的樣子。

10 如圖擠完2圈便完成。進行步驟8至9時，花嘴要略朝內傾，然後以向外微微拉扯繞圈的手法擠壓，才會形成漂亮的玫瑰花瓣。

Point

★1　糖霜的硬度：糖霜過硬或過軟，都無法擠出漂亮的玫瑰花形狀，所以要運用牛奶的份量調整糖霜的硬度。

★2　糖霜的保存：如果剛作好的糖霜沒有要馬上用來裝飾蛋糕，請以乾淨的濕布蓋住糖霜，然後放入密封容器，蓋上蓋子存放在室溫中。用剩的糖霜則放入密封容器，可冷藏保存7至10天。使用前一定要放置至常溫，並以手持式電動攪拌器打軟。

★3　糖霜的混合方式：在白色糖霜內添加少許著色過的糖霜，就會呈現美麗的漸層效果。

使用6齒的Wilton「Drop Flower Tip ＃2D」花嘴。

Unicorn Bakery內還有販售如圖中裝飾著紫色漸層玫瑰花的品項，也有以無添加糖霜色素的白色糖霜、添加可可亞粉的褐色糖霜等裝飾的商品。蛋糕體除了本篇介紹的可可亞口味之外，還有香草口味，組合出各式各樣不同風味的糖霜杯子蛋糕。

Spice Cheesecake

香料起司蛋糕

融合5種香料的濃郁香味，
份量扎實的起司蛋糕。

チリムー口◎竹下千里

材料（直徑21cm的圓形烤模1個份）

餅乾（市售品）*……100g
融化奶油……50g
奶油起司……260g
細砂糖……110g
酸奶油……200g
全蛋（L尺寸）……3顆
玉米粉……2大匙
鮮奶油（乳脂肪35%）……210g

A ［肉桂粉……2大匙
凱莉茴香粉……1大匙
薑粉……1/2大匙
多香果粉……1/2大匙
丁香粉……1/4大匙

＊ 選用甜度較低且偏硬的種類。

1 將餅乾以果汁機打成粗粒，太大塊的以手壓碎。加入融化奶油，以橡皮刮刀拌勻。

2 烘焙紙塗抹上奶油（份量外），鋪在烤模中，然後倒入步驟*1*的餅乾，以手壓平，靠近烤模的邊緣則用湯匙輕輕壓平。

3 以微波爐軟化奶油起司後放入調理盆。以打蛋器攪拌成滑順的乳霜狀，加入細砂糖，以打蛋器摩擦盆底的方式攪拌均勻。

4 酸奶油分兩次加入調理盆內，每次都以打蛋器拌勻。接下來分次將全蛋打入盆中，每加入一顆就攪拌均勻。

5 加入玉米粉，以打蛋器攪拌至粉感消失為止。

6 將鮮奶油分兩次加入調理盆內，每次加入後都以打蛋器攪拌均勻。★1

7 加入A料，以打蛋器攪拌均勻。

8 將麵糊倒入烤模中，將烤模輕摔在桌面兩、三次，使麵糊平整。將烤模放在烤盤上，先放入預熱至190℃的烤箱烘烤30分鐘，再以150℃烘烤30分鐘。取出放涼後，冷藏保存一夜。隔天將蛋糕脫模，分切盛盤即可完成。

Point

★1 攪拌方法：左手以逆時針方向旋轉調理盆，右手拿著打蛋器以順時針方向攪拌，就能快速將材料攪拌均勻。

Berry berry country cake

鄉村莓果蛋糕

表皮酥脆內裡濕潤，
瀰漫莓果香味的咖啡蛋糕。

ポンポンケークス ブールヴァード◎立道嶺央

材料（直徑21cm的環狀烤模1個份）

莓果（冷凍）*¹……120g
高筋麵粉……1大匙
奶油……50g
素精糖（請見P.35說明）……80g
全蛋……60g（約L尺寸1顆）
牛奶……120g
A ┌ 低筋麵粉（ドルチェ／江別製粉）……150g
  │ 低筋麵粉（エクリチュール／日清製粉）
  └ ……100g

奶酥*²
┌ 奶油……37g
│ 低筋麵粉（ドルチェ／江別製粉）……30g
│ 細砂糖……45g
└ 肉桂粉……1小匙
糖粉……適量

＊1 使用2種以上以冷凍保存其美味的莓果。本篇使用草莓和藍莓。
＊2 奶酥的作法：混合材料，以手指攪拌成顆粒狀。

1 將莓果儘速對切，灑上高筋麵粉。再度冷凍，直到準備拌入麵糊再取出，以避免出水使麵糊變得過稀。

2 將奶油放入直徑約18cm的深調理盆內，以手持式電動攪拌器以中速攪拌為乳霜狀。本步驟可讓麵糊飽含空氣，烤出蓬鬆的蛋糕。

3 將素精糖分2次加入，每次加入後都以手持式電動攪拌器以中速攪拌，讓麵糊飽含空氣。素精糖全部放入調理盆後，設定中高速攪拌，為麵糊拌入更多的空氣。

4 將全蛋打散，分3次加入調理盆中，每次加入後都以手持式電動攪拌器以高速攪拌至乳化。攪拌至麵糊如圖般蓬鬆柔軟即可。

5 將麵糊移至大調理盆中，倒入1/3的牛奶後，以橡皮刮刀粗略攪拌2至3次（圖為攪拌完畢的樣子）。A料過篩後，1/3加入調理盆中，粗略攪拌2至3次。重複本步驟1次。

6 將步驟1的莓果加入剩餘的牛奶和A料，以橡皮刮刀粗略攪拌。稍加拌成糰狀即可，攪拌過度會產生過多麩質，導致麵糊太稠重，需特別留意。

7 將麵糊拌成如圖所示，沒有結塊但仍殘留著粉感的狀態。烤盤鋪上烘焙紙並塗抹奶油，環狀烤模灑上高筋麵粉後放在烤盤上。將麵糊倒入烤模，若有露出表面的莓果則壓回麵糊內，使表面平整。

8 將奶酥鋪滿表面後，以手確實按壓，使奶酥黏附於麵糊上。以預熱至180℃的烤箱烘烤45至50分鐘。待冷卻後脫模灑上糖粉，分切盛盤即完成。

Victoria sponge cake

維多利亞海綿蛋糕

海綿蛋糕搭配滋味豐醇的娟珊牛奶油，
與酸酸甜甜的草莓果醬交織出協調的美味。

サンデーベイクショップ◎嶋崎かづこ

材料（直徑18cm的圓形烤模1個份）

◎海綿蛋糕麵糊
奶油（英國產「Jersey・Dairy」）
　⋯⋯175g
細砂糖⋯⋯175g
全蛋（L尺寸）⋯⋯3顆
　┌ 低筋麵粉（フランス產薄力粉／東名食品）
　│ 　⋯⋯175g
A│ 泡打粉⋯⋯7g
　└ 鹽⋯⋯半撮

◎草莓果醬
草莓（小顆）⋯⋯150g
細砂糖⋯⋯105g
檸檬汁⋯⋯1/4顆份

◎奶油霜
全蛋（L尺寸）⋯⋯1顆
細砂糖⋯⋯60g
奶油（英國產「Jersey・Dairy」）
　⋯⋯100g

糖粉⋯⋯適量

●海綿蛋糕麵糊

1　奶油放入調理盆內，以打蛋器攪拌成柔軟的乳霜狀。加入細砂糖後，攪拌至蓬鬆狀態。

2　將1/3的全蛋蛋液，以及1/4混合均勻過篩後的A料依序加入盆內，每次加入後都攪拌至滑順，重複本步驟2次。最後加入剩餘的A料，攪拌至麵糊呈現光澤。★1

3　麵糊放入塗好奶油且灑上高筋麵粉（份量外）的圓形烤模中。如圖以橡皮刮刀將麵糊的表面粗略抹平，將烤模輕摔在桌面，去除多餘的空氣。放入預熱至170℃的烤箱烘烤約40分鐘。取出降溫後脫模，放在網架上冷卻。

●草莓果醬

1　切除草莓的蒂頭，以揉捏的方式捏碎草莓。

2　加入細砂糖和檸檬汁，以橡皮刮刀攪拌均勻。

3　移至鍋內以大火加熱。出現雜質要立刻撈起。維持滾沸的狀態，不時撈起雜質並持續熬煮。

●奶油糖霜

4　在雜質幾乎消失，快要飄出熬煮的香味時，將鍋子移開爐子放涼。★2

1　將全蛋打入調理盆內，以手持式電動攪拌器以低速打散。

2　將細砂糖放入鍋內，加水（份量外）至淹過鍋底，以中火加熱。

3 當細砂糖溶解，鍋內出現大顆泡沫且變得濃稠時，將鍋子移開爐火。

4 將步驟3的糖水慢慢倒入步驟1的蛋液，同時以手持式電動攪拌器以高速打發，直到鍋內的材料降至室溫，且呈現蓬鬆起泡狀。

5 以打蛋器將奶油攪拌成柔軟的乳霜狀。將步驟4的材料分3次加入，每次加入後都確實攪拌至泛白乳化。最後以橡皮刮刀攪拌成滑順狀態。★3

●組合

1 海綿蛋糕體對半橫切成2片，下方蛋糕斷面粗略塗抹上一半的奶油糖霜。

2 在步驟1的奶油糖霜上塗抹草莓果醬。

3 在上方的蛋糕體斷面塗上剩下的奶油糖霜後，蓋在步驟2的蛋糕體上，由上往下輕輕按壓。

4 輕輕灑上一層糖粉即完成。

Point

★1 蛋和粉類的添加方式：蛋和粉類分數次交互添加並攪拌，能使兩者緊密不分離。

★2 草莓果醬的熬煮程度：草莓果醬必須熬煮到質地偏稠，才不會滲入海綿蛋糕體。

★3 奶油糖霜的攪拌方式：攪拌過度會變得太硬，一旦產生光澤便停止攪拌。

Apple sour cream coffee cake

酸奶油蘋果咖啡蛋糕

含有酸奶油的扎實蛋糕體，與帶有肉桂風味的蘋果餡是絕佳組合。
相當適合搭配咖啡享用的磅蛋糕。

エイミーズ・ベイクショップ◎吉野陽美

材料（18×8×高8cm的磅蛋糕模2個份）

◎蛋糕體
奶油……170g
細砂糖……220g
全蛋（M尺寸）……3顆
A ┌ 中高筋麵粉……280g
  │ 泡打粉……1小匙
  │ 小蘇打粉……1小匙
  └ 鹽……2小撮
酸奶油……300g

◎餡料
蘋果（切成邊長約3cm，厚度約3mm的銀杏葉狀）
……180g
B ┌ 杏仁粉……40g
  │ 黑糖（brown sugar）……60g
  │ 肉桂粉……6大匙
  └ 檸檬汁……30g

◎奶酥……以下列材料使用4大匙
細砂糖……120g
中高筋麵粉……80g
奶油……60g
肉桂粉……1小匙

糖粉……適量

● 蛋糕體

1 奶油和細砂糖以橡皮刮刀拌勻後，以手持式電動攪拌器以低速攪拌。攪拌至細砂糖顆粒消失後，改以高速攪拌。手持式電動攪拌器要輕輕抵住盆底，依畫大圓的方式攪拌均勻。

2 以橡皮刮刀將飛濺到調理盆側面的麵糊刮至中心，再度以高速攪拌。重複本步驟直到奶油會黏展於盆壁上（如圖）。

3 加入1顆全蛋，以手持式電動攪拌器以低速攪拌。雞蛋攪拌均勻後，以橡皮刮刀刮向中心處。再以低速攪拌，直到麵糊呈現蓬鬆柔軟的乳化狀態。剩餘的2顆蛋也以相同方式攪拌。★1

4 攪拌至傾斜調理盆時，麵糊也不會從盆壁滑落就可以停止。以橡皮刮刀將麵糊刮至中心。以手持式電動攪拌器以低速攪拌數秒，至麵糊乳化就完成了。

5 將A料混合均勻過篩後，加入一半至調理盆內。以橡皮刮刀從底部舀起攪拌到粉感快要消失為止，接著以手持式電動攪拌器以低速輕輕攪拌。★2

6 加入酸奶油，以手持式電動攪拌器以低速攪拌數秒。攪拌完畢後如圖般呈現大理石狀也沒關係，不必拌至均勻。

7 將剩餘的A料過篩倒入調理盆內。與步驟5相同，以橡皮刮刀攪拌後，再以手持式電動攪拌器以低速輕輕攪拌。待麵糊富含光澤彈性，不會從打蛋器上滴落，而是呈現整團落下的狀態就大功告成（如圖）。

● 餡料

1 以橡皮刮刀攪拌蘋果和混合均勻的B料，使香料充分滲透蘋果。★3

● 奶酥

1 將所有材料倒入調理盆內，以手揉散成顆粒略大的鬆粉狀後，與奶油和粉類揉在一起，冷藏約30分鐘。

◉組合材料

1 將餡料加入麵糊，以橡皮刮刀輕輕攪拌。不要完全攪拌均勻，拌至呈現大理石狀（如圖）即可。

2 以橡皮刮刀舀起大塊麵糊（如圖），放入鋪上烘焙紙的烤模中。★4

3 將蛋糕模的表面抹平後，舉起烤模輕摔在桌面，使麵糊表面平整。

4 將奶酥均勻平鋪在麵糊上，以手掌輕壓黏合。放入預熱至180℃的烤箱烘烤約55分鐘。烤好後連著烤模靜置冷卻，最後灑上糖粉即完成。★5

Point

★1 打蛋的方式：不將蛋打散，一顆顆分次加入，再以手持式電動攪拌器以緩慢畫圓的方式攪拌，使材料充分乳化，製作出帶有黏度及彈性，放入餡料不會沉下的麵糊。

★2 粉類的攪拌方式：過度攪拌會產生過多麩質，要特別留意。以橡皮刮刀舀起攪拌時，一邊往身體方向轉動調理盆，同時刮刀橫向撥動，朝12點鐘方向由盆底往上刮回原處。飛濺到盆壁側面的麵糊，都要刮回中心處。接著換成手持式電動攪拌器，設定低速以緩慢畫大圓的方式攪拌2圈。重點在於當麵糊出現光澤時就要立刻停止攪拌。

★3 關於餡料：像是要為蘋果片包裹外衣般攪拌材料，即使有些許肉桂粉與黑糖的結塊殘留也沒關係。切記餡料必須在拌入麵糊前再製作，否則放置過久蘋果會出水而使麵糊太稀。

★4 麵糊倒入烤模的方式：分2次舀起大塊麵糊，放入烤模中央。以橡皮刮刀垂直插入麵糊並輕輕移動，將麵糊烤模中推平。再次舀起一大坨麵糊放入烤模左端，將烤模旋轉180度，再次將麵糊放入左端。最後舀起剩餘的麵糊放入烤模中央，將表面抹平。留意別讓麵糊帶有多餘的氣泡。

★5 奶酥的鋪法：如果奶酥集中在某一處，容易沉入麵糊內部，須特別留意。

Coffee cake
咖啡蛋糕

適合搭配咖啡享用的蛋糕，統稱為咖啡蛋糕。雖然形狀有磅蛋糕、邦特蛋糕及圓蛋糕等千變萬化，風味和材料也沒有特別規定，不過「在含有酸奶油的麵糊中添加肉桂風味的餡料是經典作法之一」（吉野女士）。

Pecan nuts & sour cream bundt cake

長山核桃酸奶油邦特蛋糕

邦特蛋糕中的酸奶油入口即化，
同時可以吃到風味醇郁的長山核桃。

ユニコーンベーカリー◎島澤安從里

材料（直徑23cm・高9cm的邦特蛋糕模1個份）

起酥油……適量
有鹽奶油……225g
上白糖……425g
全蛋（L尺寸）……6顆
香草精……1小匙
酸奶油……240cc

A
┌ 低筋麵粉（DMS／柄木田製粉）……390g
│ 鹽……1/2小匙
└ 小蘇打粉……1/4小匙

長山核桃……約100g＋適量

糖霜
┌ 糖粉……100g
└ 牛奶……約3大匙

Point

★1　蛋糕烤出漂亮形狀的祕訣：為了讓蛋糕順利脫模，烤模的每一處都要確實塗抹起酥油。

Bundt cake
邦特蛋糕

是一種使用被稱為邦特模（Bundt pan）的圓環狀烤模烘焙的甜點，在美國非常受歡迎。邦特模是創始於1946年的美國廚具製造商NORDIC WEAR的產品，於1950至60年代普及於全美各地，烤模表面的圖案更是變化多端。

1　以手將起酥油確實塗抹在烤模上，再以低筋麵粉（份量外）全面塗抹烤模，接著抖落多餘的麵粉。★1

2　於調理盆放入有鹽奶油及上白糖，以手持式電動攪拌器以低速粗略攪拌後，再設定中速攪拌約2分鐘，直到麵糊呈現泛白蓬鬆的狀態。

3　全蛋一顆顆分次加入，每加入一顆都以手持式電動攪拌器以低速攪拌均勻。攪拌完所有的蛋後，再以高速攪拌成蓬鬆狀態。接著加入香草精和酸奶油，設定低速攪拌均勻。

4　A料混合均勻過篩後，分3次加入盆內，以木鍋鏟舀起攪拌直到沒有粉感為止。

5　拌入粗略切碎的長山核桃（約100g），以橡皮刮刀將麵糊舀入步驟1的烤模內。以預熱至150℃的烤箱烘烤75至90分鐘。烤約1小時後若麵糊的表面有些焦黃，請蓋上烘焙紙繼續烘烤。

6　以竹籤刺入蛋糕，若沒有麵糊沾附便可取出，連同烤模放在網架上放涼約20分鐘，待烤模不燙手後，輕叩桌面讓蛋糕脫離烤模。接著將網架蓋在蛋糕上，翻轉後將蛋糕脫模，直接擺在網架上冷卻。

7　製作糖霜。在調理盆內加入糖粉，一邊注意材料的硬度一邊加入牛奶，以湯匙攪拌成滑順狀態。

8　以湯匙舀起步驟7的糖霜，在步驟6的蛋糕上縱向畫直線。趁糖霜凝固前，灑上粗略切碎的長山核桃（適量）。

Berry cupcakes

莓果杯子蛋糕

以莓果奶油起司霜，
將口感軟綿的蛋糕點綴得十分討喜。

エイミーズ・ベイクショップ◎吉野陽美

材料（直徑7cm・高4cm的馬芬模6個份）

◎蛋糕體
奶油……55g
沙拉油……10g
細砂糖……100g
全蛋（M尺寸）……1顆
A ┌ 中高筋麵粉……120g
  │ 泡打粉……1/4小匙
  │ 小蘇打粉……1/4小匙
  └ 鹽……1小撮
B ┌ 牛奶……35g
  └ 原味優格……35g
覆盆子（冷凍、切成小塊）……15g
檸檬汁……30g

◎奶油糖霜
奶油起司……200g
細砂糖……80g
鮮奶油（乳脂肪分41%）……40g
酸奶油……180g
奶油……10g
覆盆子粉……20g

糖粉……適量
草莓……6顆

Point

★1　加蛋的方式：分2次加入盆中，每次加入後都要確實攪拌到乳化，才能打造富有彈性和黏性的麵糊。

★2　舀起攪拌的訣竅：請參考「酸奶油蘋果咖啡蛋糕」的 ★2(P.21)，過度攪拌會讓麵糊過硬，當麵糊出現光澤時就要立刻停止攪拌。

★3　奶油糖霜的擠法：擠花袋與蛋糕垂直，以相同的力道一鼓作氣擠完，收尾時放鬆力道拉回自己的方向，就能作出漂亮的圓弧形。

◉蛋糕體
1　將奶油、沙拉油、細砂糖放入調理盆中，以手持式電動攪拌器以高速攪拌至麵糊快要泛白。
2　將全蛋打散，分2次加入步驟1的調理盆，每次加入後都以低速攪拌，直到麵糊乳化且產生光澤。★1
3　將A料過篩，一半加入調理盆，以橡皮刮刀舀起攪拌。在還有粉感時，加入混合均勻的B料，舀起攪拌2次，然後將剩餘的A料倒入調理盆中，舀起攪拌至麵糊略帶粉感為止。★2
4　加入覆盆子和檸檬汁，舀起攪拌到粉感完全消失為止。
5　烤模鋪上蛋糕紙模，以冰淇淋挖杓將步驟4的材料舀入蛋糕紙模中。以預熱至180℃的烤箱烘烤20分鐘，出爐後連著烤模放置直到完全冷卻。

◉奶油糖霜
1　將奶油起司和細砂糖放入調理盆中，以橡皮刮刀摩擦盆底的方式攪拌，再以手持式電動攪拌器設定高速，攪拌到麵糊結塊消失為止。
2　依序加入鮮奶油和酸奶油，每次加入後都以高速攪拌。當拿起攪拌器時會呈現尖角狀後，加入奶油、覆盆子粉，以高速攪拌到呈現光澤感為止。

◉裝飾完成
1　擠花袋裝上直徑2cm的圓花嘴，將奶油糖霜填入袋中，擠在脫模的蛋糕體上。將蛋糕輕摔在桌面上，調整奶油糖霜的形狀，灑上糖粉並以草莓裝飾即完成。★3

Strawberry crumble traybake

草莓奶酥蛋糕

具有草莓濃郁果實味且口感濕潤的肉桂蛋糕，
搭配入口即化的奶酥和酥脆的蛋糕底，
黑胡椒的氣味齒頰留香。

サンデーベイクショップ◎嶋崎かづこ

材料（21cm的四方形烤模2個份）

◎蛋糕脆底
奶油……200g
細砂糖……100g
中高筋麵粉（フランス產準強力粉／東名食品）
　……200g
米粉……100g

◎蛋糕體
奶油……260g
黃蔗糖……260g
全蛋（L尺寸）……3顆

A ┌ 低筋麵粉（フランス產準強力粉／東名食品）
　│　　……240g
　│ 泡打粉……9g
　└ 肉桂粉……1小匙

◎奶酥

B ┌ 細砂糖……90g
　│ 低筋麵粉（フランス產準強力粉／東名食品）
　│　　……120g
　│ 燕麥片……60g
　└ 鹽……3小撮
奶油＊……90g

黑胡椒粉……3小匙
草莓（淨重）……360g

＊ 請事先冷藏。

Point
★1　材料的添加方式：將少量粉類和雞蛋一
起加入盆中，可有效防止材料分離。

◉蛋糕脆底
1　將所有材料放入食物調理機，攪拌至黏稠狀態後，集中成麵糰。
2　烘焙紙鋪好烤模後，將步驟1的麵糰均勻鋪於底部。以叉子戳洞，放入預熱至150℃的烤箱空燒18分鐘。

◉蛋糕體
1　將奶油和黃蔗糖放入調理盆內，以打蛋器摩擦盆底的方式攪拌，直到麵糊呈現泛白乳霜狀為止。
2　加入1/3打散的全蛋攪拌，再添加少許混合過篩的A料。上述動作重複2次，最後加入剩餘的A料，以打蛋器攪拌。★1

◉奶酥
1　將B料和大略切碎的奶油放入調理盆內，以手指攪拌。當材料呈現結塊狀後，繼續攪拌直到形成約7mm大小的顆粒狀。

◉組合完成
1　將麵糊倒入空燒過的蛋糕脆底中，並灑滿黑胡椒粉。草莓去蒂對半縱切後擺上，將奶酥灑滿整個蛋糕。
2　以預熱至150℃的烤箱烘烤約50分鐘，出爐放涼後脫模即完成。

Carrot cupcakes

胡蘿蔔杯子蛋糕 （作法→P.34）

加入大量胡蘿蔔絲，是英國的經典甜點。
使用香料醞釀出清新淡雅的香氣。

サンデーベイクショップ◎嶋崎かづこ

Coriander brownie

芫荽籽布朗尼 （作法→P.34）

濃郁扎實的布朗尼中，暗藏著粗略研磨的芫荽籽。
直接享用就很美味，冷藏過後滋味會更加豐醇。

チリム一口◎竹下千里

Banana cake

香蕉蛋糕 （作法→P.35）

甜度恰到好處且質地濕潤，
口感扎實的香蕉蛋糕。

ボンボンケークス ブールヴァード◎立道嶺央

Cornbread

玉米麵包 （作法→P.35）

玉米粉特有的顆粒口感和香氣，令人一吃上癮。
奶油韻味與鹹味交織出豐富滋味。

ユニコーンベーカリー◎島澤安從里

Olive oil cake

橄欖油蛋糕

使用橄欖油烘焙的輕盈蛋糕，
搭配滿滿的巧克力和堅果，醞釀出濃醇滋味。

エイミーズ・ベイクショップ◎吉野陽美

材料（18×8×高8cm的磅蛋糕烤模1個份）

A	橄欖油……100g
	細砂糖……120g
	糖蜜……10g
	全蛋（M尺寸）……1顆半

牛奶……50g

B	中高筋麵粉……120g
	肉桂粉……2小匙
	泡打粉……1/2小匙
	小蘇打粉……1小匙
	鹽……1小撮

C	烘焙用甜巧克力（粗略切碎）……100g
	核桃（粗略切碎）……50g

D	烘焙用甜巧克力（粗略切碎）……20g
	核桃（粗略切碎）……20g

糖粉……適量

1　將A料放入調理盆，以橡皮刮刀攪拌成渾厚扎實的麵糊。

2　加入牛奶，輕輕攪拌與材料融合。

3　將B料混合過篩加入調理盆，以舀起攪拌的方式攪拌均勻。

4　在麵糊粉感還很明顯時就加入C料，舀起攪拌到出現光澤為止。

5　麵糊倒入鋪好烘焙紙的烤模。將烤模底部輕輕摔落在桌面上，使蛋糕表面平整。放上D料，以手掌輕壓與麵糊結合。

6　以預熱至180℃的烤箱烘烤約50分鐘。出爐後連著烤模完全放涼，再灑上糖粉就完成了。

Carrot cupcakes
胡蘿蔔杯子蛋糕 （成品圖→P.28）

サンデーベイクショップ◎嶋崎かづこ

材料（直徑5cm・高3cm的馬芬模5個份）

胡蘿蔔……80g
核桃……20g＋適量
全蛋（L尺寸）……1顆
沙拉油……65g

A
低筋麵粉（法蘭斯產薄力粉／東名食品）
……65g
肉桂粉……1小匙
肉荳蔻粉……1/2小匙
丁香粉……1/2小匙
泡打粉……2g
小蘇打粉……2g
細砂糖……20g

奶油起司糖霜
奶油起司……60g
奶油……20g
糖粉……80g

糖粉……適量

1　以刨絲器將胡蘿蔔刨成長2至3cm的蘿蔔絲，以廚房紙巾稍微吸去水分。將核桃（20g）粗略切碎。★1
2　全蛋打入調理盆內後，以打蛋器打散，緩緩加入沙拉油並一邊攪拌，使之乳化。
3　A料混和過篩後放入另一顆調理盆中，在中央壓出凹處。將步驟2的材料倒入凹處，同時以打蛋器攪拌至粉感消失。★2
4　將步驟1的材料加入步驟3的調理盆中攪拌成麵糊，取70g慢慢倒入鋪好蛋糕紙模的烤模。以預熱至160℃的烤箱烘烤約18分鐘，出爐連著烤模放涼。
5　製作奶油起司糖霜。在調理盆內放入奶油起司和奶油，以手提式電動攪拌機以高速攪拌成滑順狀態，添加糖粉後將材料攪打至泛白。
6　以抹刀將步驟5的奶油起司糖霜塗抹在4上。以核桃裝飾，最後灑上糖粉即完成。

Point

★1　關於胡蘿蔔：除了有機胡蘿蔔可以不必削皮之外，其他的胡蘿蔔請削皮後再使用。使用粗孔刨絲器可更突顯胡蘿蔔的風味。
★2　粉類的攪拌方式：如同將粉類捲入中央般轉動打蛋器，然後逐漸加大轉圈範圍。攪拌太慢會難以均勻，快速攪拌才能作出濕潤且帶有光澤的麵糊。

Coriander brownie
芫荽籽布朗尼 （成品圖→P.29）

チリムーロ◎竹下千里

材料（21cm的方形烤模1個份）

烘焙用甜巧克力……170g
奶油……130g
蛋黃（L尺寸）……6顆
細砂糖……130g

A
鮮奶油（乳含量35%）……100cc
芫荽籽＊……5大匙

蛋白霜
蛋白（L尺寸）……5顆
細砂糖……130g

B
低筋麵粉（ドルチェ／江別製粉）……50g
可可粉……100g

＊ 事先以食物調理機粗略打碎。

1　將粗略切碎的巧克力和奶油放入調理盆中，隔水加熱融化。★1
2　將蛋黃打入另一顆調理盆內，加入細砂糖，以打蛋器摩擦盆底的方式攪拌均勻。
3　將步驟1的材料分2至3次加入步驟2的調理盆內，每次加入後都攪拌均勻。接下來依序加入A料，每次加入後都攪拌均勻。
4　製作蛋白霜。蛋白放入調理盆後，打至起泡。細砂糖分3次加入，打發至拿起攪拌器時材料呈彎鉤狀。
5　將步驟3的材料一半加入蛋白霜中，以打蛋器大幅度攪拌2至3次。
6　將B料過篩入盆，以橡皮刮刀切拌麵糊。在麵糊仍有粉感時，加入剩餘的蛋白霜並攪拌。★2
7　麵糊緩緩倒入鋪上烘焙紙的烤模中，以預熱至160℃的烤箱烘烤約45分鐘。出爐後放涼，冷藏一夜後即完成。

Point

★1　隔水加熱的訣竅：將加入巧克力和奶油的調理盆浸在約55℃的水中，並攪拌使之融化。攪拌的過程中要避免水蒸氣跑入調理盆內。
★2　蛋白霜的攪拌方式：加入剩餘的蛋白霜後，左手往身體方向轉動調理盆，一邊橡皮刮刀切拌麵糊，至蛋白霜完全融入材料為止。

Banana cake
香蕉蛋糕 （成品圖→P.30）
ポンポンケークス　ブールヴァード◎立道嶺央

材料（11×21×高6cm的磅蛋糕烤模1個份）

人造奶油*1……100g
素精糖*2……35g
鹽……少量
蛋黃……40g（約L尺寸2顆）
全熟香蕉……200g
鮮奶油（乳脂肪35%）……50g
蛋白霜
┌ 蛋白（L尺寸）……2顆
└ 細砂糖……50g
　┌ 低筋麵粉（ドルチェ／江別製粉）……170g
A ｜ 低筋麵粉（エクリチュール／江別製粉）……30g
　｜ 泡打粉……3g
　└ 小蘇打粉……1.5g

*1　使用不含添加物及基因改良作物，將反式脂肪含量控制在0.5%的「料理やお菓子にも使えるマーガリン」（生活クラブ生協販售、月島食品工業製造）。
*2　使用100%沖繩縣紅甘蔗，具有紅甘蔗強烈醇厚美味的砂糖（生活クラブ生協販售、＜株＞青い海製造）。

1　將常溫的人造奶油放入調理盆，以打蛋器攪拌成髮蠟狀。依序加入素精糖和鹽，每次加入後，都以打蛋器摩擦盆底的方式攪拌，並避免帶入空氣。★1

2　慢慢加入打散的蛋黃，以打蛋器用摩擦盆底的方式攪拌至乳化。

3　用食物調理機將全熟香蕉打成泥狀，將1/3的量加入步驟2的蛋黃後攪拌。依序加入鮮奶油和剩餘的香蕉泥，以打蛋器摩擦盆底的方式攪拌。★2

4　製作蛋白霜。將蛋白和細砂糖放入另一顆調理盆中，打至7至8分發。

5　將1/3的蛋白霜加入步驟3的調理盆，以打蛋器攪拌均勻。A料混合均勻過篩2次後加入，以橡皮刮刀翻拌到粉感消失。倒入剩餘的蛋白霜，以翻拌的方式避免破壞打發的泡沫。

6　將麵糊倒入塗好奶油並灑上高筋麵粉（皆為份量外）的烤模中，接著抹平表面，以橡皮刮刀在烤模中央處縱向劃一刀。以預熱至170℃的烤箱烘烤50至60分鐘，出爐放涼後脫模就完成了。★3

Point
★1　步驟1至3的攪拌方式：以摩擦盆底的方式攪拌，避免空氣跑入麵糊。若攪拌到起泡，麵糊會變得輕盈柔軟，失去厚重扎實的口感。
★2　關於香蕉：使用全熟的香蕉才能以食物調理機輕易打成泥狀。香蕉太硬會無法與麵糊融合。
★3　烘焙溫度：使用多層烤爐（deck oven）者，請設定上火170℃、下火170℃烘烤30分鐘後，接著以上火180℃、下火175℃再烤30分鐘。

Cornbread
玉米麵包 （成品圖→P.31）
ユニコーンベーカリー◎島澤安從里

材料（33cm×23cm的方形烤模1個份）

　┌ 低筋麵粉（DMS／柄木田製粉）……445g
A └ 泡打粉……2小滿匙
　┌ 玉米粉……165g
B ｜ 上白糖……225g
　└ 鹽……1小匙
全蛋（L尺寸）……4顆
　┌ 芥花籽油……160cc
C ｜ 蜂蜜*1……2大匙
　└ 融化的奶油*2……75g
牛奶……600cc

*1　凝固的蜂蜜請隔水加熱融化後再使用。
*2　有鹽奶油融化後，置於常溫下放涼。

1　A料混和過篩放入調理盆，加入B料以橡皮刮刀攪拌。

2　另取一調理盆，加入打散的全蛋和C料，以打蛋器攪拌均勻。

3　將步驟2的材料倒入步驟1的調理盆，以橡皮刮刀攪拌，然後加入牛奶粗略攪拌。★1

4　將步驟3的材料倒入鋪上烘焙紙的烤模中，以預熱至180℃的烤箱烘烤約45分鐘。待烤模不燙手後，倒扣於網架上。取下烘焙紙，再將蛋糕翻回，置於網架上放涼後就完成了。★2

Point
★1　攪拌方式：攪拌過度會導致麵糰過於緊實不蓬鬆，所以要特別留意，不必攪拌到完全沒有粉感。
★2　關於烘烤：烤箱如果沒有確實預熱，麵糊會繼續膨脹導致內部呈現空心，需特別留意。如果沒有趁蛋糕完全冷卻前取下烘焙紙，水分就會被鎖住而弄濕蛋糕。

Sunday Bake Shop

サンデーベイクショップ

東京都渋谷区本町1-58-7
☎無

a:水藍色自行車和手寫招牌為一大標誌。　*b*:店內為開放式廚房。店鋪中央的大櫃檯上整齊地排列著各式蛋糕，左起為圓蛋糕、磅蛋糕、烤盤糕點、布朗尼、司康。袋裝餅乾則擺放在下方層架上。　*c*:甫開店顧客就蜂擁而來，員工和顧客都和樂融融地閒話家常。　*d*:藉著遷店的機會，店內設置了夢寐以求的義式咖啡機（La Marzocco）。　*e*:星期五供應的咖啡為「Hono Roasteria」（中央的2袋），星期日・三為「Amameria Espresso」（後方袋）。托盤上擺有各種紅茶茶包。　*f*:座位區旁邊的木頭擺飾，使用從公園撿拾的樹枝親手打造而成。

能大快朵頤渾然天成美味的「每日甜點」
使店內充滿絡繹不絕的笑容和活力

　　原本只有星期天營業，所以取名為「Sunday Bake Shop」，是嶋崎かづこ女士2009年開始兼職經營的小烘培坊。由於短時間即大受歡迎，2014年為求擴大營業，遂遷移至同在初台區的現址。遷店後總算得以一償宿願設置店內用餐區，顧客可以在此享用咖啡和紅茶，營業日也增加到每週3天。

　　店內推出的品項，以嶋崎女士喜愛的英式甜點為主。櫃檯上擺滿如山的司康和布朗尼，托盤架上擺著大蛋糕、水果烤盤糕點等等。嶋崎女士表示：「國外的烘焙屋會推出各式各樣蛋糕，讓人難以選擇的感覺很開心，我也一定要營造出那種氣氛！」該店推出的甜點，有兩成是季節限定品，如採用當季水果搭配堅果和香草的芬芳水果塔，以及「有餘力才作」的果醬，人氣皆不遜於基本款商品。雖然一星期只營業三天，但每天都有不同主題。星期三為了讓顧客能享用早餐，會推出其他營業日沒有的法式鹹派。星期五是咖啡日，只有該日會使用「HONO ROASTERIA」的咖啡豆，並配合當天的豆子推出甜點。至於客人最多的星期天，則會供應比其他營業日更多種類的蛋糕和餅乾。

　　除了甜點的滋味絕佳之外，店內友善愉悅的氣氛更令人難以抗拒。店內員工和嶋崎女士不會講「歡迎光臨」、「謝謝惠顧」等畢恭畢敬的客套話，取而代之是「早安！」、「久等了！」、「好好享用喔！」等親切問候聲響徹店內。「當初採用開放式廚房，是因為想親眼看到消費者的臉，親口傳授他們美味享用的方法。看到顧客從小朋友到上班族、銀髮族都有，讓我覺得很開心。」

Data

開業日期●2009年1月
營業型態●外帶、10人咖啡座
店鋪規模●咖啡廳約5坪、廚房約9坪
客單價●約600日圓
平均來客數●300至380人
營業時間●星期日9：00至19：00、
　　　　　星期三7：30至17：30、
　　　　　星期五7：30至19：00
店休日●星期一・二・四・六

蛋糕
Cake

店內常態提供13款蛋糕。除了經典英式甜點「維多利亞海綿蛋糕」（450日圓）、略帶苦味厚重的「巧克力千層蛋糕」（400日圓）等圓形蛋糕之外，還有薑口味的「Ginger& White」（400日圓）、使用國產檸檬皮的「糖粒檸檬蛋糕」（350日圓）等磅蛋糕，都是本店常備蛋糕。店內也一定會準備1種如燕麥條或奶酥等烤盤糕點，佐以當季新鮮水果、燕麥片及辛香料烘焙而成。

司康
Scone

餅乾
Cookie

司康為招牌商品，平時供應2至4種（各200日圓）。每天會出爐160至340個，但當天就能銷售一空。常備款「原味司康」有著娟珊牛奶油的濃郁醇厚風味。使用全麥麵粉以及裸麥麵粉烘焙的司康內含堅果和果乾，鹹味司康則混和了香草、起司及乾燥番茄等材料。

餅乾類（各500日圓／袋）為袋裝販售。最受歡迎的是使用娟珊牛奶油的「貓咪奶油酥餅」。除了「蛋白霜餅乾」、「燕麥＆椰子餅乾」之外，還供應不時替換的5至7種口味。

q:栽種在廚房和店門口的香草植物,會使用在司康和法式鹹派上。 *h*:フランス産薄力粉、娟珊牛奶油、有機的小豆蔻、芫荽、香草粉等食材,都是店主親自嚴選。 *i*:開放式廚房就在陳列琳琅滿目甜點的櫃檯後面,與顧客的距離很近,可以一邊作業一邊聊天。

サンデーベイクショップ
Sunday Bake Shop的烘焙甜點
店主●嶋崎かづこ女士

我想烘焙能輕易搭配茶與咖啡享用的每日甜點,最好是可以在聊天和散步時享用、讓人心情平靜的甜點。

雖然我曾在專門學校學習甜點烘焙,卻對正統的法式甜點毫無興趣,畢業後便去咖啡廳工作。這份工作的烘焙實務,才真正開啟了我對於點心烘焙的興趣。之後與いがらし ろみ女士搭檔活動時,也曾結伴去英國旅行,當地的甜點、街道及人們生活的方式,皆令我深感著迷。

踏入英國的飲茶室和咖啡廳時,服務員都會說:「Enjoy!」。我也希望擁有一間顧客能各按所好享受時光,隨性又不受拘束的店鋪。一臉嚴肅地烘焙,會讓甜點走味,因此我會聽喜歡的音樂,帶著愉快的心情烘焙甜點。無論打蛋或拌料,我都使用打蛋器,較少使用電動攪拌器,因為打蛋器較能掌握細微的變化,調整起來比較方便。奶油的硬度稍有不對,烘焙時便會影響到麵糊的流動,過度激烈攪拌則會打入多餘的空氣。雖然我常被人說「攪拌麵糊時感覺很沒勁」(笑),但力道的輕重拿捏很重要。我多半以自己在國外吃過的美食為靈感來開發新甜點,也會去超商研究好吃甜點包裝上面的原料表。我並無拜師經驗,也沒有驚為天人的手藝,只憑自己的手和舌頭,逐步累積經驗,這就是我的甜點。

我的座右銘是「美味的食材成就美味的點心」,使用自己認可的奶油和水果,讓食材各展所長。因為我喜歡能充分品嚐到素材美味,展現口感的甜點。

某準備日(週六)的時間表

8:00 進店後,開會。
8:30 嶋崎女士準備2至4種司康,並製作約13種蛋糕。員工負責13種蛋糕的前置作業,以及部分製作工作。包裝袋裝甜點。
15:00 午休。
16:00 完成約13種蛋糕。
20:30 收拾・清掃。袋裝甜點排列上架。
22:00 離店。

某營業日(週日)的時間表

7:30 進店。
嶋崎女士製作司康。
員工分切蛋糕・上架。
9:00 開店。
嶋崎女士製作司康和接待客人。
員工接待客人,提供飲品、分切蛋糕・上架。
19:00 打烊。收拾・清掃。
20:30 離店。

※每週二・四・六為準備日,店面公休,週六的甜點製作量最多。營業日為週日・三・五,週日的販售量・種類最多。

Data

內場&門市人員●嶋崎女士+5人
販售&提供飲料員工●2人
烤箱●營業用瓦斯旋風烤箱2台

Amy's Bakeshop

エイミーズ・ベイクショップ

東京都杉並区西荻北2-26-8　1F
☎ 03-5382-1193

**裝潢靈感源自紐約的Deli Café
以獨特技巧製作家庭風味的烘焙甜點**

　　JR線西荻站向北延展的熱鬧商店街前，矗立著一扇帶著紐約街頭風情的俐落店鋪大門。推門進入後，首先映入眼簾的長型櫃台上，風格獨具地擺放著烤得焦香的馬芬，與深濃色調的蛋糕等等，具備樸素美式風味的烘焙甜點。冷藏展示櫃裡並列著紐約起司蛋糕與可愛的杯子蛋糕，店內亦規劃出可佐以咖啡或紅茶享用甜點的內用區。

　　排放在櫃台上的30多種烘焙甜點，都是由店主吉野陽美女士獨立製作而成。為了在最喜歡的紐約久住，以上班族身分努力籌備資金時，在紐約當地嚐到的烘焙點心讓她為之傾倒，成為她踏入甜點世界的契機。為了獲得重現那滋味的技術與知識，她進入法國藍帶廚藝學院代官山分校就讀，以此結合美國甜點的中規中矩，與法國甜點的精緻優雅，打造出獨一無二，專屬於吉野女士的自我風格。2010年1月開始在故鄉西荻窪尋找開店地點，1個月後就簽下原為料理店、內含器材的空間，7月正式開業。為了居住在紐約而存的錢則成了創業資金。

　　以纖細手藝結合軟硬分明的口感與風味，足具份量感的烘焙甜點，很快就獲得大眾好評，開幕不久即晉身熱門店家行列。開店前會製作剛出爐時最好吃的馬芬和司康，而放置至常溫更美味的磅蛋糕，則是在開店後製作次日販售的份量，烘焙流程一直持續到打烊以後。2013年夏天，吉野女士開辦烘焙教室，生活變得更加多采多姿。並開始考慮照著最初「可享用早餐或早午餐的紐約Deli Café」的目標改裝店面，構思新的菜單。

Data

開業日期●2010年7月
營業型態●外帶、12人咖啡座、烘焙教室
店鋪規模●咖啡座約5坪、廚房4坪、教室9坪
客單價●約1500日圓
營業時間●11:00至19:00
店休日●星期一・二（適逢國定假日會營業）

a:店裡的內用區,提供咖啡與紅茶等11種飲料。　*b*:烘焙教室設於店鋪2樓,每週開課3次,時間為週四白天、晚上以及週六早上。課程內容適合新手,限額10位。　*c*:一打開大門,就能看到歡迎客人的粉紅色小豬擺飾。　*d*:具備現代感的標誌,是由上班族時代擔任空間設計師的吉野女士親手設計。　*e*:店內空間採長型設計。進門會先看到門市陳列的櫃台,往裡走就是內用區。　*f*:櫃台上陳列的烘焙點心約30種,點餐後由店員夾取。桌面中央擺放的是主力商品磅蛋糕與馬芬,以紐約採買到的器皿立體展示。櫃台後面則是廚房,吉野女士在裡頭從早到晚忙於製作點心,一天的製作量有時甚至高達500個。

馬芬
Muffin

常態供應品項有7至8種。除了「蘋果＆肉桂」、「檸檬＆卡士達」、「莓果＆莓果」和「香蕉＆巧克力碎片」等甜口味之外，也有「鹽味奶油」和「藍紋起司＆無花果＆鹽」（各390日圓）等鹹口味可供選擇。

餅乾
Cookie

店內銷售兩種餅乾，分別是「奶油酥餅」（300日圓），還有塞滿核桃及巧克力，口感綿密的「美式軟餅乾」（360日圓）。擺放在同一架上的「布朗尼」（350日圓）也是熱門招牌商品。

司康
Scone

司康外皮酥脆，內部口感綿潤，供應品項為「原味」（270日圓）和週末限定的「燕麥＆葡萄乾」（290日圓）兩種。

蛋糕
Cake

冷藏展示櫃中陳列著1種杯子蛋糕、淋上奶油起司糖霜的「胡蘿蔔蛋糕」（360日圓），以及「紐約起司蛋糕」（420日圓）等甜點。磅蛋糕會常備10種，例如「奶油蛋糕」、「酸奶油咖啡蛋糕」、「薑汁蛋糕」以及「杏仁巧克力蛋糕」（340至360日圓）等等。還有包括填入滿滿水果的「蘭姆水果蛋糕」（360日圓）的2種邦特蛋糕。

g:一次最多可裝入8條磅蛋糕材料、直徑45cm的大調理盆,以及Cuisinart的手持式電動攪拌器,都是不可或缺的工具。這把心愛的攪拌器來自美國,有5段變速的功能,現已停產。要將麵糊攪拌到光澤狀態,這把攪拌器的1速(低速)是最適當的選擇。
h:櫃台的裡側就是廚房。 *i*:總是在紐約一次採購完畢的邦特蛋糕模。

エイミーズ・ベイクショップ
Amy's Bakeshop的烘焙甜點
店主●吉野陽美女士

　　道地的美國烘焙點心,有著粗獷樸素的魅力,但我認為如要在日本享用這種點心,比起原汁原味重現,更重要的是配合風土民情和氣候條件作出改良。會進入法國藍帶廚藝學院就讀,也是因為想學會如何靈活掌握美國家庭甜點特色,並以更纖細的口味加以呈現。

　　經過多次研究,終於找出現今這種結合美式風格和法式甜點的技巧,可催生出更為細緻且彷彿精心打磨過一般的美味。不僅對材料的選用和組合下了工夫,乃至麵糊的攪拌方法和力道,放入烤模的方式等每項工序都加以仔細研究,設法還原心目中的那個滋味。而因為蛋糕體積偏大,如何作出不容易膩口的對比風味或口感,也是一大關鍵。現時作法是以奶油帶出綿軟感、以配料打造酥脆口感,再加上酸味或辛香料來強化風格。此外製作磅蛋糕或者馬芬時,春季會使用清爽的莓果類,冬季則使用蘋果或辛香料等等,在當季自然會引人食慾大開的時令食材。雖然剛開店時為製作速度太慢而苦惱,但現在的效率已經有了數倍增長,供應的品項總數由10種左右上升至將近3倍。此外,也調整了烘焙流程規劃,磅蛋糕或餅乾這種放置1日或數日後,味道會交織融合而更加美味的點心,採事先製作的方式,而現作最好吃的馬芬或司康則於販售當日早上製作,無論客人何時光臨,店內供應品項都可保持在一定數量。

　　現在我每年仍會去1、2次紐約,但無論去幾次都還是會為同樣的烘焙品深感驚豔。日後希望也能謹記美式烘焙的長處,製作出自我風格的點心。

某個週四的時間表
※週四是烘焙教室開課日。

6:00　進店。
　　　製作當日販售的2種司康、
　　　7至8種馬芬。
10:00　分切磅蛋糕、
　　　包裝、上架等開店準備。
11:00　開店。
　　　接待客人同時繼續分切、
　　　包裝磅蛋糕。
14:00　烘焙教室‧白天課程開始。
　　　(由員工接待客人。)
16:00　烘焙教室‧白天課程結束。
　　　製作於隔日販賣的5種磅蛋糕。
18:00　打烊。
19:30　烘焙教室‧晚上課程開始。
21:30　烘焙教室‧晚上課程結束。
　　　製作於隔日販賣的5種磅蛋糕、
　　　起司蛋糕、布朗尼、
　　　奶油酥餅和餅乾。
　　　收拾‧清掃。
24:00　離店。

Data
內場人員●嶋崎女士1人
內場協助&門市人員●1名
烘焙教室助手●1名
烤箱●營業用瓦斯旋風烤箱1台

Unicorn Bakery

ユニコーンベーカリー

東京都国立市中1-1-14

☎ 090-6013-6763

a:手寫招牌上纏繞著翠綠藤蔓，充滿自然韻味的店面。　*b*:擺放著戚風蛋糕或磅蛋糕的櫃台內部，可看見蘇珊女士和安從里女士母女並肩招呼客人的身影。　*c*:房屋原本是木工技師的工作室兼店鋪，中央的陳列架就這樣沿用下來，擺放馬芬或司康等商品。　*d*:蘇珊女士利用先前在自宅開辦美語教室的小道具，配合聖誕節、復活節或萬聖節等各季節慶活動，替換裝飾主題。　*e*:櫃台裡側就是廚房。　*f*:蘇珊女士珍藏的外文烘焙書。　*g*:店內有許多安從里女士從小就非常喜歡的獨角獸擺飾，這也是店名的由來。

與母親的愛情共同傳承
英裔美國人的家庭點心

2013年開幕的「Unicorn Bakery」位於安穩恬靜的國立市,從東京都心搭電車約30分可達。店主是英國出生、於美國成長的蘇珊女士,以及和富幽默感的丈夫高旨先生共同孕育的女兒,島澤安從里女士。

拉開帶著昭和風情的玻璃門,一腳踏入英裔美式格調的店內氛圍之中。這種落差感與不可思議的調和性,正是本店的魅力所在。安從里女士的丈夫朝洋先生從事不動產業,為她找到這間原本是木工技師店鋪的房子,作為開業地點。改裝工作只靠自己和朋友們完成,加上蘇珊女士為了「有朝一日想開間茶館」而四處蒐集來的器皿和餐具,醞釀出了現在的店面風格。營運理念是「大家都可以輕鬆消費,令人歡欣雀躍的可愛空間」,作為裝飾的桌布色彩繽紛,上頭擺放著各種安從里女士與蘇珊女士製作的英式與美式家庭甜點。除了馬芬和司康,戚風蛋糕與圓環狀的邦特蛋糕、布朗尼、玉米麵包等也都是主力商品,而招牌商品玫瑰杯子蛋糕,則和胡蘿蔔蛋糕一起陳列在冷藏櫃中。依當天狀況,有時還會加賣蘇珊女士拿手的麵包或肉桂捲。

來店的客群甚廣,從附近大學的學生到帶著小孩的父母,乃至住在附近90多歲的老夫婦。帶小孩的媽媽在挑選商品時,安從里女士也會幫忙看顧孩子。她自己在生產後不久就開了店,面臨育兒和事業兩頭燒的情況。安從里女士表示:「有時女兒從幼稚園回來後,會在櫃台後面鬧脾氣,也曾因為女兒生病而暫停營業。若沒有客人們的寬大包容和家人的協助,我們的生意也做不起來。」店內洋溢著的「Family」溫暖,從烘培品上確實地傳達了出來,將顧客的心溫柔地包圍著。

Data

開業日期●2013年10月
營業型態●僅供外帶
店鋪規模●門市約4坪、廚房約3坪
客單價●約1000日圓
平均來客數●80至100人
營業時間●13:00至19:00(商品賣完會提早打烊)
店休日●星期日‧三‧四、夏季暫停營業1個月

馬芬
Muffin

份量大容易飽足，帶有鬆軟的口感。品項包括「香蕉巧克力碎片馬芬」（250日圓）、「檸檬＆柑橘馬芬」（260日圓）和「腰果焦糖馬芬」（240日圓）等等，每日種類有所變化，一般會提供6至8種。

司康
Scone

上圖為「蔓越莓＆柑橘司康」（200日圓）和「楓糖長山核桃司康」（220日圓），司康固定供應1至2種，會調整麵糊或配料更換口味。每種各烘烤20至30個。

蛋糕
Cake

以美麗糖霜妝點的「玫瑰杯子蛋糕」（320日圓）、微苦風味更顯突出的「生巧克力布朗尼」（280日圓）、「核桃布朗尼」（300日圓）、口感綿潤有香辛料味的「胡蘿蔔蛋糕」（280日圓）以及「玉米麵包」（210日圓）等等，都是招牌熱門商品。邦特蛋糕、戚風蛋糕（固定各供應1種），磅蛋糕（固定供應4至6種）等，都會每天更換口味。

餅乾
Cookie

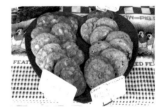

餅乾口感相當綿軟，未使用模具直接烤製而成，每天供應1至2種。採訪當日販售的是「巧克力堅果餅乾」和「櫻桃巧克力餅乾」（每片各150日圓）。

h:承繼原屬於蘇珊女士的各種西洋書籍，包括「Wilton」的書。
i:為追求道地風味，許多材料於美國製品數量豐富的「好市多」
購買。圖後排中間的法芙娜巧克力「P125」苦味帶勁令人著迷，
用以製作布朗尼。　　*j,k*:有把手能抓住使用的粉篩，具止滑功
能的5指隔熱手套，是店主心愛的工具。

ユニコーンベーカリー
Unicorn Bakery的烘焙甜點
店主●島澤安從里女士

　　我會選擇烘培這條路的緣由，就是母親所作的蛋糕。還在國際學校
工作時，我就會自己嘗試烘焙，而因為對設計有興趣，遂進入Wilton學
校學習蛋糕裝飾。生下小孩離職後，就在附近的助產院賣起馬芬或蛋
糕，這也成了開店的契機。

　　說起我們店的特色，應該就是未經過日本同化的美式與英式氣氛。
不特別迎合日本人的喜好，重視原汁原味的呈現，製作理念是「到朋友
家玩媽媽會端出來的手作蛋糕」。食譜配方幾乎都是從媽媽的書上看來
的，再自己加以調整，特色或許可說是辛香料和甜味偏向強烈。玫瑰杯
子蛋糕、布朗尼、玉米麵包、馬芬和司康等由我負責，餅乾、戚風蛋
糕、邦特蛋糕和圓麵包等由媽媽製作，磅蛋糕則是兩人共同分擔製作。

　　基本食材的選擇著重讓人安心、安全的產品，麵粉產地是長野縣，
奶油跟牛奶產地是北海道，雞蛋則是新潟縣或秋田縣產。此外，巧克
力、堅果、水果乾、楓糖漿和香草精等選用美國製品，以呈現道地的風
味。長山核桃、椰棗和櫛瓜這些美國點心才會用的配料，店內也經常使
用。客人一開始可能會有點猶豫，但也有喜歡的人會一直上門捧場，我
覺得很開心。

　　除此之外，我也會製作活用Wilton技藝的裝飾蛋糕。遵從客人的構
思，所有項目都可以客製化。我擅長的是美國風格的用色和設計，以日
本蛋糕沒有的鮮豔色彩，例如彩虹色或黑╳白、紫╳橘等色調，作出可
愛的蛋糕讓人感到喜悅。

某準備日的時間表

10:00	安從里女士準備並製作布朗尼、 磅蛋糕、玉米麵包 以及杯子蛋糕。 蘇珊女士則準備並製作邦特蛋糕、 戚風蛋糕、餅乾 以及派等等產品。
19:00	製作結束。
至24:00	安從里女士烘焙客製化蛋糕 （如有承接訂單）， 準備隔天製作原料等等。

某營業日的作息時間

7:00至	製作當天販售的司康、馬芬 以及派等商品， 杯子蛋糕等產品的收尾作業。
12:30至	開店準備、上架。
13:00	開店。 接待客人並隨時打掃環境。
16:00至19:00	依商品販售狀況打烊。
20:00至	準備隔日材料、 烘焙客製化蛋糕等等。

※營業日為週一・二・五・六，週四・日是準備日，店
面公休。

Data

內場&門市人員●安從里女士、蘇珊女士
烤箱●家庭用大型瓦斯旋風烤箱2台
　　　家庭用水波爐1台

Tarte aux Kumquats

金桔塔

以酸奶油平衡糖煮金桔的甜味，
並佐以開心果香味的塔。

菓子工房ルスルス◎新田あゆ子

材料（直徑18cm的塔模1個份）

◎塔皮麵糰
奶油……75g
低筋麵粉（スーパーバイオレット／日清製粉）……113g
高筋麵粉（スーパーリッチ／プロフーズ）……3g
A ┌ 蛋黃……5g
　│ 水……23g
　│ 鹽……2g
　└ 細砂糖……5g
全蛋液……適量

◎開心果杏仁奶油餡
全蛋……44g
奶油……48g
B ┌ 細砂糖……40g
　└ 杏仁粉……48g
低筋麵粉（スーパーバイオレット／日清製粉）……12g
開心果醬……36g

◎奶酥＊
杏仁粉……10g
低筋麵粉（スーパーバイオレット／日清製粉）……20g
細砂糖……20g
奶油……20g

酸奶油……約20g
糖煮金桔（作法如下）……15顆

＊奶酥的作法：將材料全部放入食物調理機中，攪拌至呈現鬆粉狀。

●糖煮金桔

1　將等量的細砂糖和水混合煮沸，製作糖漿。
2　金桔洗淨，和水一起放入鍋中加熱。煮滾後放在濾網上，以叉子或竹籤去掉蒂頭，以菜刀在表皮上割出長約1cm的極淺開口。
3　放入剛好蓋過金桔的水，浸泡1小時以上，去除浮沫。對半橫切，去除種籽。
4　鍋中放水煮沸，加入步驟3的金桔煮至沸騰，轉小火。一邊撈掉浮沫一邊以小火煮至軟化，再放到濾網上。
5　煮滾糖漿，加入步驟4的金桔煮至沸騰。再以小火煮至表皮略為透明，關火浸泡在糖漿中一晚。
6　隔天再將步驟5的金桔煮至沸騰，關火後即完成。

●塔皮麵糰

1　奶油切成1cm丁狀，和低筋麵粉與高筋麵粉一起放入調理盆。將麵粉裹滿奶油，以手指壓扁，放入冷凍庫直到奶油變得堅硬。將A料混合後放入冷藏庫備用。

2　在食物調理機中放入1的奶油和麵粉，將奶油打細。打至如圖般帶濕潤感且接近黃色時，即可倒回調理盆。

3　加入冷藏過的A料，迅速以橡皮刮刀切拌，讓水分均勻分散到整個調理盆內。

4　水分分散均勻後，以橡皮刮刀按壓盆底的方式攪拌。

5　整體拌勻之後，如有粉感殘留則以手指搓開，並將麵糰塑形。

6　以保鮮膜寬鬆地包住。

7 以擀麵棍將麵糰平壓成厚度平均的四角型（如圖）。放入冰箱冷藏一晚。

8 拿掉保鮮膜，灑上手粉以擀麵棍迅速壓成直徑26cm的圓形。放入冰箱冷藏30分後，鋪進烤模。

9 以擀麵棍在烤模上方滾動。

10 去除多餘的麵糰。

11 為了讓麵糰在烘焙時能緊貼烤模，以手指確實將麵糰壓入每個圈角內。

12 以叉子在底部開洞，放入冰箱冷凍約10分。

◉開心果杏仁奶油餡

13 放上烘焙紙，倒入重石到鋪滿容器為止。以預熱至200℃的烤爐空燒20分鐘，取出後立即用刷子薄塗上一層全蛋液。再度放入200℃的烤箱烘烤約2分鐘，將蛋液烤乾。

1 全蛋夏天放至常溫，冬天則打散後隔水加熱，不要太過冰冷（比體溫稍微低一點）即可。★1

2 以橡皮刮刀攪拌奶油至硬度平均，加入B料混合攪拌。

3 在步驟2的材料中少量多次加入步驟1的全蛋，為避免空氣進入，以摩擦盆底的方式攪拌，使之充分乳化。

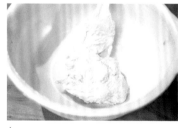

4 如上圖充分乳化，呈現飽滿有彈力的狀態即可。

5 加入低筋麵粉，粗略切拌。

6 混入開心果醬。

●組合完成

1 在空燒過的塔皮中填入開心果杏仁奶油餡，整理成邊緣最高，向中央微微內凹的形狀，放入冰箱冷藏30分鐘。

2 在比烤模小一圈的範圍內塗上酸奶油。

3 糖煮金桔放上濾網，去除多餘糖漿，切面朝上放在酸奶油上。

4 鋪上奶酥。沒被奶酥覆蓋的地方，杏仁奶油餡可能烤焦，或金桔會變硬，因此請仔細均勻鋪滿。

5 如上圖整片鋪滿奶酥後，以預熱至170℃的烤箱烘烤40至50分鐘，至金桔烤出漂亮的顏色就完成了。

綠色的開心果杏仁奶油餡與金色的糖煮金桔，交織出美麗對比。酸奶油夾在其間，形成奶黃色薄層。

Point

★1 乳化須知：雞蛋過冷會無法順利乳化。若杏仁奶油餡未完整乳化，烘焙時油會分離流出，讓塔皮麵糰出現炸過般的油膩口感。

Black sesame & soy flour marble cake

楓糖芝麻黃豆粉蛋糕

麵粉與米粉各半，揉合出濕潤軟糯的蛋糕體。
黑芝麻與黃豆粉形成的大理石花紋賞心悅目。

カナム◎石橋 理

材料（直徑15cm‧高5.5cm的圓形烤模1個份）

A
低筋麵粉（ドルチェ／江別製粉）……75g
米粉……75g
泡打粉……2.5小匙
洗雙糖＊……80g
鹽……1小撮
黃豆粉……40g

B
菜籽油……50cc
豆漿（成分無調整）……250cc
黑芝麻醬……1大匙

＊ 甘蔗榨汁後結晶化取得的砂糖。
特色是甜味醇厚。

1 以有把手的濾網過篩A料，倒入調理盆，網上殘留的顆粒以橡皮刮刀刮至過篩，再以橡皮刮刀仔細攪勻。

2 混合B料，以小型打蛋器攪拌使之乳化。

3 將步驟*2*的B料均勻倒入步驟*1*的A料中，以橡皮刮刀攪拌，作成麵糊。

4 攪拌至還留有些許結塊即可。若攪拌過度會出現黏性，導致烘焙時麵糊溢出烤模。

5 在鋪好烘焙紙的烤模上，倒入8成的麵糊。

6 剩下的麵糊加入黑芝麻醬，拌勻。

7 在步驟*5*倒進烤模的麵糊中央，加入步驟*6*扮好的麵糊。

8 以筷子塗抹開黑芝麻麵糊，作出大理石花紋。黑芝麻麵糊會很快下沉，因此需盡速劃出大理石紋，並馬上送進烤箱。

9 烤模放上烤盤，以預熱至170℃的烤箱烘烤38分鐘。出爐放涼後再脫模就完成了。

Shiokoji caramel nuts pound cake

鹽麴焦糖堅果磅蛋糕

在加入豆腐渣與豆漿的濕潤麵糊中，
滿滿填入有著鹽麴柔和風味的焦糖堅果。

カフェパンダ◎関 牧子

材料（16×10×高6cm的磅蛋糕烤模3條份）

◎鹽麴焦糖堅果
鹽麴焦糖醬……以下列記材料使用6大匙
A
┌ 甜菜糖……315g
│ 椰奶……210g
│ 米飴*1……63g
└ 自然鹽……14g
肉桂粉……2大匙
└ 鹽麴……175g
堅果*2……80至90g

◎麵糊
┌ 菜籽油……141g
│ 豆漿（成分無調整）……240g
B 甜菜糖……141g
│ 米飴*1……2大匙
└ 泡打粉……105g
豆腐渣（生）……171g
┌ 低筋麵粉（ドルチェ／江別製粉）……405g
│ 全麥粉（きたほなみ／富澤商店）……60g
C 自然鹽……少許
└ 泡打粉……21g

堅果（生）*2……適量

＊1 麥芽糖的一種，若變硬請隔水加熱軟化。
＊2 可視喜好混合使用核桃、南瓜子、杏仁或腰果等各種堅果。

●鹽麴焦糖堅果

1 　製作鹽麴焦糖醬。在大鍋內放入A料開大火加熱，以橡皮刮刀攪拌。沸騰後轉小火，以刮刀持續攪拌。煮沸翻滾的泡沫會逐漸變小。

2 　待拿起刮刀醬汁可呈濕潤砂狀流下時，依序加入肉桂粉和鹽麴，每次加入都攪拌均勻，再次開火直到沸騰。完成後倒入容器中放涼（常溫可保存1個月）。

3 　堅果烘烤後，拌入鹽麴焦糖醬。

●麵糊

1 　將B料放入調理盆，以打蛋器攪拌至起微泡沫。加入豆腐渣，輕輕攪拌均勻。

2 　另取一調理盆放入C料，以打蛋器輕輕混合。一邊攪拌，一邊以有把手的濾網過篩倒入步驟*1*的調理盆。倒完後確認濾網上有無殘留物，如有殘留全麥粉也一併加進調理盆。

3 　以橡皮刮刀粗略攪拌，直至粉感完全消失。

●組合完成

1 　將鹽麴焦糖堅果加進麵糊，以橡皮刮刀攪拌混合，不需完全拌勻，混成大理石狀即可。此時請留下少量醬汁備用。

2 　將步驟1的麵糊倒進紙製的磅蛋糕模，輕輕整平表面。淋上步驟1留下的醬汁，灑上生堅果。以預熱至180℃的烤箱烘烤35分鐘。

Tarte aux Fraises et Framboises

草莓覆盆子塔

杏仁奶油餡的濃醇與兩種莓果的酸甜相輔相成，
令人回味無窮。

ルスティカ菓子店◎中井美智子

材料（直徑15cm的塔模1個份）

◎塔皮麵糰（9個份）

A ┌ 高筋麵粉（レジャンデール／日清製粉）……250g
  └ 低筋麵粉（ファリーヌ／江別製粉）……250g

發酵奶油……250g

B ┌ 水……130g
  │ 鹽……10g
  └ 蛋黃……40g

◎杏仁奶油餡（依下記材料使用160g）

奶油……450g
全蛋……380g

C ┌ 杏仁粉……450g
  └ 細砂糖……450g

草莓……9顆＋適量
細砂糖……20g
覆盆子（冷凍）……8顆

Point

★1 材料的添加方式：杏仁粉、細砂糖和蛋各半交替加入，就不容易分離。攪拌時，請避免混入過多空氣，以保持滑順的口感。

★2 杏仁奶油餡的保存：不當下使用的份放入密閉容器冷藏保存，並在1週內用完。冷藏保存後要使用時，請先放在溫暖處一段時間軟化，以橡皮刮刀攪拌到滑順後再使用。

★3 烘焙時間：若草莓的水分太多，會讓成品變得過濕。請注意蛋糕體狀態，適當調整烘焙時間以控制草莓水分。

◉塔皮麵糰

1 將A料混合過篩，發酵奶油切成1cm丁狀，B料以打蛋器攪拌至完全融合。以上全部冷藏降溫。

2 在食物調理機中放入A料和發酵奶油，攪拌約30秒至奶油顆粒消失。加入B料，繼續攪拌到粉感消失。

3 將麵糰放到大理石作業台上，以層層折疊包起的手法整理成糰。

4 以擀麵棍將麵糰擀成約27 × 20 ×厚1.5cm的尺寸，包上保鮮膜，冷藏一晚。

5 以擀麵棍將步驟4的麵糰擀成細長狀，折成三折冷藏1小時。將麵糰轉90度，再次擀成細長狀並折成三折。

6 將步驟5的麵糰分成9等分。以擀麵棍各擀成厚2mm，直徑21cm的圓形。每片分別以保鮮膜包起，冷凍保存。

7 麵糰使用前約1小時放到冷藏庫解凍，鋪上烤模。依次放入烘焙紙和重石，以預熱至180℃的烤箱烘烤30分鐘。取下重石和烘焙紙，放回烤箱再烤5分鐘，連同烤模放涼到不燙手的溫度。

◉杏仁奶油餡

1 奶油放入攪拌盆，以裝好拌匙的桌上型攪拌器拌成髮蠟狀。

2 將全蛋打散，隔水加熱至約30℃。

3 將C料混合，一半加進步驟1的攪拌盆，以攪拌器攪拌均勻。

4 加入剩下的C料和一半步驟2的材料，攪拌均勻。

5 加入剩下的步驟2材料，攪拌至出現滑順質感。★1★2

◉組合

1 草莓（9顆）去蒂，取3顆切薄片，與完整的6顆一起灑上細砂糖，稍微混合後冷藏一晚。

2 待塔皮麵糰溫度不燙手後，倒進杏仁奶油餡，整平表面。排上覆盆子和步驟1的整顆草莓，間隙塞入切薄片的草莓。如還有間隙則再切草莓薄片（適量）填上。

3 將步驟2的塔放上烤盤，以預熱至165℃的烤箱烘烤60分鐘，就完成了。★3

Gâteau Basque

巴斯克蛋糕

濕潤厚實的蛋糕體中填滿香濃的卡士達醬，
是法國巴斯克地區的傳統甜點。

菓子工房ルスルス◎新田あゆ子

材料（直徑12cm‧高7cm的圓形烤模1個份）

◎卡士達醬

蛋黃……27g

細砂糖……27g

低筋麵粉（スーパーバイオレット／日清製粉）……16g

杏仁粉……16g

牛奶……135g

香草籽……香草莢2cm份

奶油……6g

◎麵糊

奶油……100g

糖粉……120g

鹽……0.3g

刨絲檸檬皮……1顆份

全蛋……36g

蛋黃……36g

低筋麵粉（スーパーバイオレット／日清製粉）……160g

全蛋液……適量

Point

★1 花紋的畫法：首先畫出十字線條，以線為葉脈畫出4片葉子。葉子間隙再畫上共4片葉尖。葉子和葉尖的空隙處，再各畫2條像葉脈的線。

★2 烘烤過程須知：烘烤過程中，卡士達醬可能會沸騰讓蛋糕體破裂，烤好後就會恢復原貌，請不用擔心。

◉卡士達醬

1 調理盆放入蛋黃打散，加入細砂糖，以打蛋器摩擦盆底的方式攪拌均勻。

2 低筋麵粉和杏仁粉混合過篩，加進步驟1的調理盆攪拌。

3 鍋中放入牛奶和香草籽，煮至沸騰。

4 在步驟2的調理盆中加入步驟3的材料攪拌，倒回鍋內開火。一邊加熱一邊迅速攪拌，以避免燒焦。待攪拌的手感變輕盈後，加入奶油攪拌均勻，關火冷卻。

◉麵糊

1 調理盆放入奶油，再加進糖粉、鹽和刨絲檸檬皮，以橡皮刮刀攪拌。

2 全蛋與蛋黃一起打散，並少量多次加入步驟1的調理盆，每次加入後都要攪拌至乳化。

3 加入低筋麵粉攪拌，完成後馬上填進裝好1cm花嘴的擠花袋。

◉組合

1 烤模抹上奶油（份量外）。沿著底部邊緣擠上一圈麵糊，內側再擠一圈，重複動作將麵糊擠滿烤模底部。

2 在步驟1最外圈的麵糊上方，再擠上一圈，並在這圈的正上方再擠一圈，覆蓋烤模側面。剩下的麵糊放置備用。

3 以切刀整理麵糊表面（底部、側面、邊緣）外觀，放進冷凍庫約30分鐘使麵糊硬化。

4 卡士達醬填入擠花袋，滿滿擠入步驟3的麵糊內側，直到沒有空隙。

5 擠上步驟2備用的麵糊蓋住卡士達醬。表面以切刀整理平整，邊緣以大拇指指腹劃過，去除多餘麵糊。

6 塗上全蛋液，放入冷藏庫收乾，然後再塗一次。以竹籤刮除蛋液的方式，畫出葉片花紋。★1

7 以預熱至170℃的烤箱烘烤約70分鐘即完成。★2

Banana cardamon cake

香蕉荳蔻蛋糕 （作法→P.64）

荳蔻的濃郁香氣和黑芝麻的層次感，
與香蕉蛋糕體意外搭配。

チリムーロ◎竹下千里

Spiced fruitcake

香料果乾蛋糕 （作法→P.64）

以調入香辛料的蘭姆酒醃漬水果乾，大量加進蛋糕裡。
麵糰以蛋糕碎製作而成，撒上糖粉奶油細末，營造富層次的風味。

ルスティカ菓子店◎中井美智子

Goat milk cheese & rye cake

黑麥山羊起司蛋糕 （作法→P.65）

濕潤、蓬鬆的黑麥蛋糕體佐上荳蔻濃郁香氣，
山羊起司的醇厚和恰到好處的羶味可謂錦上添花。

サンデーベイクショップ◎嶋崎かづこ

Gâteau au chocolat et aux raisins

巧克力葡萄乾蛋糕 （作法→P.65）

可充分享用蘭姆酒醃漬的葡萄乾。
不使用粉類，製成濕潤濃厚的巧克力蛋糕體。

メゾン ロミ・ユニ◎いがらし ろみ

Banana cardamon cake

香蕉荳蔻蛋糕 （成品圖→P.60）

チリムーロ◎竹下千里

材料（21x8.5x高5.5cm的磅蛋糕烤模1個份）

香蕉……2至3根

A｜ 柑曼怡酒……1大匙
　｜ 薑粉……1大匙

奶油……140g

細砂糖……100g

全蛋（L尺寸）……2顆

B｜ 低筋麵粉（ドルチェ／江別製粉）……80g
　｜ 全麥粉（北海道地粉／クオカ）……60g
　｜ 黑芝麻黃豆粉*1……40g
　｜ 荳蔻粉……1/2大匙
　｜ 泡打粉……1小匙

罌粟籽*2……適量

*1使用混合北海道產黃豆和黑芝麻製成的「黑芝麻黃豆粉」（富澤商店）。

*2編註：罌粟籽在台灣未獲准進口販售，可省略不用。

1 香蕉剝皮放進調理盆，以手粗略壓碎，加入A料攪拌。

2 另取一調理盆，放入奶油以打蛋器攪拌成略硬的乳霜狀，加入細砂糖以摩擦盆底的方式攪拌。★1

3 逐顆加入全蛋，每次加入後都以打蛋器攪拌均勻。

4 將B料混合過篩後加入，以橡皮刮刀切拌。尚有留些許粉感時加入步驟1的香蕉，繼續切拌。★2

5 烤模鋪上烘焙紙後倒進步驟4的調理盆，舉起烤模輕摔在桌面去除空氣。表面灑上罌粟籽，以預熱至170℃的烤箱烘烤40至45分鐘便可完成。

Point

★1 奶油的硬度：奶油過軟會無法烤發膨脹，以打蛋器抵住調理盆底輕輕攪拌即可。

★2 粉類的攪拌方式：左手往身體方向轉動調理盆的同時，以刮刀切拌。過度攪拌會讓口感變得太厚重，加入香蕉後，再切拌6次即可。

Spiced fruitcake

香料果乾蛋糕 （成品圖→P.61）

ルスティカ菓子店◎中井美智子

材料（直徑15cm的圓形蛋糕烤模1個份）

蛋糕碎*1……200g

杏仁奶油餡（P.57）……200g

A｜ 肉桂粉……1小匙
　｜ 荳蔻粉……2小匙/3
　｜ 薑粉……1/2小匙

蘭姆酒漬水果乾*2……120g

核桃……適量

糖粉奶油細末*3……適量

＊1 將磅蛋糕、法式海綿蛋糕的蛋糕體，或蛋糕捲的海綿蛋糕體切塊，適度混合使用。為營造濕潤口感，磅蛋糕可混入5成以上。法式海綿蛋糕體若使用過多，會使口感不佳。雖然也可選用加料蛋糕，但請避免風味強烈的巧克力蛋糕。若質地過於乾燥，攪拌時可加入少量鮮奶油帶出濕潤口感。

＊2 蘭姆酒漬水果乾的作法：柳橙皮300g、蔓越莓乾120g、杏桃乾50g、無花果乾50g和鳳梨乾40g切成葡萄乾大小，並混入200g葡萄乾。加上細砂糖100g和蘭姆酒40g，以手拌勻，冷藏一晚入味。

＊3 糖粉奶油細末的作法：將奶油120g、杏仁粉100g、黃煎糖80g、低筋麵粉68g、高筋麵粉68g和鹽2g放入食物調理機攪拌，打成鬆粉狀。
不立刻使用的份裝進塑膠袋冷凍保存，使用前切塊，冷藏解凍約1小時。

1 攪拌盆中放入蛋糕碎，以桌上型攪拌器攪拌成帶顆粒的粉末狀。

2 依序將杏仁奶油餡和A料加入步驟1的調理盆，每次加入都攪拌均勻。

3 蘭姆酒漬水果乾濾去汁液，加入步驟2的調理盆，攪拌至平均分布。

4 將步驟3的材料緊密鋪進烤模，整平表面，以手壓實去除空氣。表面放上核桃，再灑上糖粉奶油細末。

5 烤模放上烤盤，以預熱至160℃的烤箱烘烤50分鐘即完成。

Goat milk cheese & rye cake
黑麥山羊起司蛋糕　（成品圖→P.62）
サンデーベイクショップ◎嶋崎かづこ

材料（直徑24cm的圓形蛋糕烤模1個份）

奶油……200g
紅糖……120g
黃蔗糖……100g

A
全蛋（L尺寸）……2顆
牛奶……3大匙

葡萄乾……120g

B
中等顆粒黑麥粉
（アーレ・ミッテル／日清製粉）*¹……200g
肉桂粉……1小匙
壓碎的整顆荳蔻……1小匙
小蘇打粉……4g
鹽……1小撮

山羊奶起司……120g
黑麥片*²……15g
糖粉……適量

＊1 黑麥粉的粗細會大幅影響味道，請務必使用中等顆粒。
＊2 將黑麥壓扁製成的麥片。

1　將奶油以打蛋器攪拌成乳霜狀，過篩加入紅糖和黃蔗糖，攪拌至泛白乳化。★1
2　將A料混合，分2至3次加進步驟1的材料中，並以打蛋器確實攪拌。★2
3　葡萄乾洗淨，放在烘焙紙上瀝乾，加進步驟2的材料中仔細攪拌。
4　將B料混合，分2次加進步驟3的材料，每次都以打蛋器攪拌。待呈現光澤，以橡皮刮刀攪拌至均勻。
5　烤模底部鋪烘焙紙，側面塗上奶油（份量外）。
　　倒進約一半步驟4的材料，在表面塗滿山羊奶起司。
　　將步驟4的材料倒完，整平表面，灑上黑麥片。
6　以預熱至150℃的烤箱烘烤約40分鐘，冷卻後脫模，灑上糖粉。

Point
★1　奶油的硬度：奶油如果過軟，烘烤時麵糊會容易下沉。
★2　如何讓麵糊保持一體：若有油水分離傾向，加進少許混合的B料攪拌，即可順利結合。

Gâteau au chocolat et aux raisins
巧克力葡萄乾蛋糕　（成品圖→P.63）
メゾン ロミ・ユニ◎いがらし ろみ

材料（17.5×8×高6cm的邦特蛋糕烤模1個份）

烘焙用甜巧克力*¹……115g
發酵奶油……70g
蛋黃……70g
細砂糖……25g
蛋白霜
卵白……105g
細砂糖……35g
杏仁粉（去皮）……25g
可可粉（法芙娜）……25g
蘭姆酒漬葡萄乾*²……140g
糖粉（易溶類型）……適量

＊1 使用可可含量53%的法芙娜巧克力。
＊2 蘭姆酒漬葡萄乾的作法：葡萄乾以水簡單洗淨，放入沸水。待水再次沸騰後以濾網濾去水分，稍微降溫後放進密閉容器，注入蘭姆酒至接近浸滿，醃漬1天至1週。

1　調理盆放入巧克力和發酵奶油，隔水加熱至融化。
2　另取一調理盆放入蛋黃和細砂糖，以打蛋器攪拌至泛白乳化。
3　停止隔水加熱步驟1的材料，並加入步驟2的材料攪拌。
4　製作蛋白霜。蛋白放在調理盆中打發，將細砂糖分2至3次加入，繼續打發至拿起攪拌器起時呈現尖角狀。
5　加一匙蛋白霜進步驟3的材料中，以打蛋器仔細攪拌均勻。接著以橡皮刮刀將杏仁粉、過篩的可可粉、剩餘的蛋白霜和蘭姆酒漬葡萄乾，依序加入並攪拌。
6　倒入鋪烘焙紙的烤模，以預熱至200℃的烤箱烘烤5分鐘，再以160℃烘焙45至50分鐘。烤好後將蛋糕脫模，放在網架上冷卻，完全放涼後灑上糖粉就完成了。

About The Ovens
烤箱二三事

Amy's Bakeshop
エイミーズ・ベイクショップ
吉野陽美さん

◎營業用中型瓦斯旋風烤箱（MARUZEN）…1台
　40 x 30cm的烤盤3個

本店的烘焙點心不使用蒸製法，因此選用了無蒸氣的機種。開業前使用的就是同品牌的較小機種，可以說是用習慣了，但它能烤出表面酥脆內裡濕潤的口感，也令我很滿意。即使作法一樣也會因為烤箱不同，而出現表面過濕的狀況，無法呈現我追求的酥脆感。現在使用的烤箱一次最多可以烤36個馬芬，磅蛋糕則可烤12條。雖然烤箱3層可同時使用，但各自溫度不同，依據配料和成品外型，需要的火候也有差別，因此須花心思安排每層的烘培品。我對現在的烤箱並無不滿，但真要說起來，畢竟一台能烤的數量有限，如果能多一台同樣的爐會更方便。

Resources
菓子工房ルスルス
新田あゆ子さん

◎營業用中型電力旋風烤箱（FUJIMAK）…1台
　60x40cm的烤盤5個
◎營業用小型瓦斯旋風烤箱（RINNAI）…1台
　28 x 24cm的烤盤5個

原本開業時打算以烘焙教室為營業主軸，因此尋找尺寸夠大，能讓所有參加者一起烘焙，且火力平均的爐，最後選中FUJIMAK的電力旋風烤箱。不過由於性能太好，成品與家用烤箱所製作出的不同，這樣的差異令我在意，因此藉教室從東麻布店轉移到淺草店的契機，將FUJIMAK的烤箱改為販售製造專用，教室方面則添購三台適合家庭，無須配管工程也能使用的RINNAI營業用小型烤箱。這款小烤箱也在各店廚房添購了一台，主要的商品是以FUJIMAK的烤箱製作，但視流程需要，RINNAI烤箱可作為輔助使用。由於製作量增加了不少，目前在考慮添購旋風烤箱或三層烤箱。

Khanam
カナム
石橋 理さん

◎營業用中型瓦斯旋風烤箱（RINNAI）…1台…41x26.2cm的烤盤5個
◎營業用小型瓦斯旋風烤箱（RINNAI）…1台…28x24cm的烤盤5個

店裡兩台都是RINNAI的瓦斯旋風烤箱。相較於電力式，我覺得瓦斯烤箱比較好用，因為受熱較平均，烤出的色澤也均勻。原本在家裡試作時，用的是和店裡同型但較小的機台，但現在店裡也添購了同樣的。烤箱不同，烤出來的成品也會有差異，但因為是同一機種，所以配方不用作出大幅調整。選用大、小兩台烤箱，是為了妥善運用空間。如果店面再寬廣一點，應該就是買兩台大烤箱了。大、小台烤起來都差不多，所以看備料量決定，較多的品項使用大烤箱，少的就使用小烤箱。

Cafe Banda
カフェバンダ
関 牧子さん

◎營業用瓦斯烤箱（TANICO）…1台
　40.5x45.5cm的烤盤2個
◎家庭用水波爐（SHARP「HEALSIO」）…1台
　30.5x35.5cm的烤盤2個

兩個爐都是前任屋主留下來的東西。水波爐比瓦斯烤箱更易於平均加熱，烘焙色澤較均勻，但瓦斯烤箱一次能烤的量較大，所以主要使用瓦斯烤箱。備料量較少，或營業用瓦斯烤箱不敷使用的時候，會一併用上水波爐。瓦斯烤箱的下火太強，所以只能使用上層，一次能烤24個馬芬或12條磅蛋糕，司康則可烤35個。餅乾若放瓦斯烤箱，底部會燒焦，因此以水波爐烘烤。

Sunday Bake Shop
サンデーベイクショップ
嶋崎かづこさん

◎營業用中型瓦斯旋風烤箱（RINNAI）…2台
　41x26.2cm的烤盤5個

選購瓦斯烤箱時，主要考量的是預算。電力式烤箱如果是高階機種，也可以迅速提高內部溫度，但我認為瓦斯式的瞬間加熱能力較強。目前使用的瓦斯烤箱，就算為了放取麵糰打開門，關門後溫度仍可迅速升高，操作簡單這點也讓我很中意。一次能烤8條磅蛋糕，其他蛋糕則大約是4條，司康可烤45個。餅乾有大小差異，以大的來說約45片，小的則約100至180片。

Chirimulo
チリムーロ
竹下千里さん

◎營業用中型瓦斯旋風烤箱（東京瓦斯）…1台
32x28cm的烤盤5個

烤箱只有一台。搬家前咖啡廳營業時，透過網拍以7萬日圓買到了全新品。瓦斯烤箱可以烤得比較透，且爐內溫度穩定易保持色澤均勻，獨立開店之際就只考慮選購瓦斯烤箱。對機種沒有特別要求，挑選基準是盡量大且越便宜越好。圓形蛋糕、磅蛋糕或烤盤糕點等一次可烤各2個，馬芬的話則是9個。使用至今是沒什麼特別不滿，但常會想如果能再大一點就好。其實是希望再買一台，但無奈廚房太小塞不下了。

Pompon Cakes Blvd.
ポンポンケークス ブールヴァード
立道嶺央先生

◎營業用中型電力旋風烤箱（TSUJI KIKAI）…1台
58x36cm的烤盤5個
◎營業用三層烤箱（TSUJI KIKAI）…1台
58x36cm的烤盤2個
◎家庭用瓦斯旋風烤箱（RINNAI）…1台
23x28cm的烤盤4個

製作時都是使用營業用的兩台。電力旋風烤箱適合製作需短時間烤乾的司康、派、餅乾和蛋白霜等產品。三層烤箱用來烘焙時間長的起司蛋糕、胡蘿蔔蛋糕、香蕉蛋糕或法式海綿蛋糕等等。塔類則視情況交替使用烤箱。過去沿街販售時所用的家用烤箱，現在主要用來試作新口味。以容易散熱和蒸氣的家用烤箱做出的成品，才是我們店裡的味道。為了以營業用烤箱做出家用烤箱的味道，每天可都要費心思（笑），為確保風味始終如一，有時候也會以家用烤箱來烘焙。

Maison romi-unie
メゾン ロミ・ユニ
いがらし ろみさん

◎營業用中型瓦斯旋風烤箱（RINNAI）…3台
70 × 30cm的烤盤5個

烘焙點心店創業前，是在點心烘焙教室教學，希望找到能烤出道地風味且適用於家庭的機種，最後購買的就是RINNAI營業用瓦斯烤箱。這台雖然容易讓烘烤色澤不均，但加熱速度快且火力強，短時間就可呈現漂亮的烤色。我覺得它適合烘焙點心，因此Maison romi-unie的廚房也選用了同樣機種。挑選更大的烤箱也是個辦法，但中型可以多放幾台，且由作業效率和動線層面考量都很妥善，還是決定買了3台中型。根據時期或節日需要的備料量不同，無論大量或少量製作都能因應，可說相當方便。

Unicorn Bakery
ユニコーンベーカリー
島澤安從里女士

◎美國製家庭用瓦斯旋風烤箱（Kenmore）…2台
約60x40cm的烤盤2個
◎家庭用水波爐（日立「Healthy Chef」）…1台
41x31cm的烤盤3個

主要以長年來用慣的美國家庭用烤箱烘焙。容量比日本製家用烤箱大，可一次性大量烘焙是優點所在。此外，還易於維持熱度，烘焙途中打開門也不太會降溫。餅乾可以兩個烤盤烘焙，但馬芬、司康或杯子蛋糕等只使用一個烤盤才能烤得好。儘管如此，杯子蛋糕或馬芬每次烘焙量還是可達30個。只是在日本找不到修理的店家，這點比較困擾。水波爐主要用來烤邦特蛋糕，邦特蛋糕和其它餅乾、蛋糕不同，必須以低溫長時間烘焙，因此使用不一樣的烤箱。

Rustica
ルスティカ點心屋
中井美智子女士

◎營業用中型電力旋風烤箱（Pavailler）…1台
32x41cm的烤盤4個
◎營業用小型瓦斯旋風烤箱（RINNAI）…1台
28x24cm的烤盤5個

插電的烤箱放在1樓，瓦斯烤箱則放在2樓廚房。主要使用1樓的電力烤箱。優點是因為風扇強力，熱度可平均分佈，因此成品色澤也會一致。不過偶爾也有因材質影響，表面被先烤乾的缺點。如果是整體需有濕潤感的海綿蛋糕等類，就會不預熱烘焙，以避免表面先乾掉。營業時間是一個人邊接客邊烘焙，因此2樓的烤箱只有公休日備料時，或者開店前、關店後才會使用。這烤箱容易讓顏色不均，因此不適合烘焙較大或較厚的產品。它可在短時間內徹底烤透表面，因此用來作餅乾等小西點，或者蛋糕捲的海綿蛋糕等較薄的品項。

Chirimulo

チリムーロ

東京都渋谷区猿楽町1-3

☎ 090-3443-9202

a:JR澀谷站徒步約8分,佇立在山手線沿線的大廈1樓是店面所在。　*b*:店主在展示櫃後製作甜點,同時接待客人。手寫的價目牌仔細列出產品口味。　*c*:入口放上黑板,手寫公告當天販售產品項目。　*d*:位於店內一隅的木造小屋,其實是洗手間。　*e*:隨興擺放的洋書和雜貨。　*f*:早上烤好的馬芬擺放在骨董木桌上。　*g*:中古的壽司料冷藏櫃現在作為展示櫃使用,裡頭陳列著蛋糕、布朗尼和餅乾等等。　*h*:店面原本為木材店的倉庫,天花板高達4m。長長的鞦韆垂掛而下,宛若進入了童話世界。

在孩童遊樂場般的空間
製作帶有辛香味的「大人風點心」

　　綠色黑板構成整面牆壁，從挑高天花板垂掛而下的鞦韆搖晃著。熱鬧的店面內部，四處可見骨董或生活雜物隨意擺放，空氣裡瀰漫著香草、洋酒和辛香料的芬芳，這就是「Chirimulo」。店主竹下千里女士從以前就喜歡烘焙點心，抱著「將來要開家烘焙坊或咖啡館」的想法，在東京的咖啡館磨鍊了6年手藝。2011年在東京・久之原站開設「Chirimulo」。之後受喜歡DIY的朋友邀約，造訪了這個以「大人的遊樂場」概念自行打造的店面空間，2013年3月將店址遷來此處，作為烘焙點心專門店開幕。

　　久之原是住宅街，主要客群是鄰近的居民。但在搬到店家眾多的繁華街澀谷之際，以「必須打造出其它店沒有的個性」為由，重新思考過營運概念。在這之前，主要都販售味道樸素暖心的產品，現今變更路線為加入辛香料、香草和洋酒的「大人烘焙點心」。現提供咖啡搭配芫荽籽布朗尼、香草馬芬、加入5種辛香料的起司蛋糕，或浸滿利口酒的蛋糕等烘焙點心。

　　充分使用辛香料與洋酒的烘焙點心大受歡迎。遷店後不久就成為排隊名店，而每天一直烘焙到捨不得睡覺的竹下女士，卻也因此搞壞了身體。「好不容易開了店，希望能更享受烘焙點心的樂趣」，於是她決定停賣飲料，只販售一個人製作能負荷的量，每天一早起床，打烊後就立刻回家。現在每天提供20至25種產品，但每隔1至2個月就會舉辦一次「30種點心出爐日」，擺出各式各樣平常無暇製作的點心，讓客人們開心不已。

Data

開業日期◉2011年9月（2013年3月遷店）
營業型態◉外帶
店鋪規模◉門市約3坪、廚房約7坪
客單價◉1500日圓至2300日圓
平均來客數◉35至50人
營業時間◉12：00至賣完為止
店休日◉星期日・一＋不定休

蛋糕 Cake

如「紅豆椰子磅蛋糕」（350日圓）等，以磅蛋糕模或正方形烤模烘焙的蛋糕品項，店內常態供應5至6種（左上、右下）。加入辛香料或香草的「布朗尼」（450日圓）有迷迭香、凱莉茴香以及芫荽等3種口味（左下），含洋酒的蛋糕則有「巧克力外皮杏仁香甜酒與黑醋栗蛋糕」（600日圓）等5至6種選擇（右上）。「香料起司蛋糕」（600日圓）等使用花草或利口酒的起司蛋糕，也供應2至3種。

馬芬 Muffin

餅乾 Cookie

每包4片裝。有含黑種草、咖啡粉和燕麥片的「黑種草燕麥餅乾」、散發香甜氣味的「大茴香＆茴香籽餅乾」和酥脆芳香的「花生奶油餅乾」（各350日圓）等幾種。

有麵糰揉進黑啤酒漬無花果乾的「黑啤酒無花果馬芬」（360日圓）、甜甜鹹鹹的「藍起司白巧克力馬芬」（400日圓）以及摻入焙茶的「焙茶洋甘菊馬芬」（360日圓）等各種品項，販售當天早上出爐3至4種。

i : 常備包括黑醋栗香甜酒、蕁麻酒的10多種香甜酒，用於「巧克力外皮蛋糕」等產品。
j : 馬芬都是當天早晨現烤，再上架銷售。
k : 不使用攪拌器，只以1個直徑28cm的調理盆和打蛋器作出麵糊。竹下女士表示：「因為只有我一個人製作，比起準備各種工具，還是這樣洗起來比較有效率。」*l* : 展示架後頭是廚房空間。以最小限度添購設備，烤箱、水波爐和卡式瓦斯爐各1台，用這些器材作出所有商品。

チリムーロ

Chirimulo的烘焙甜點

店主●竹下千里女士

要在澀谷這種有許多個性店家之處開烘焙點心店，有必要作出獨一無二的產品，因此想出了使用辛香料或洋酒的大人取向烘焙點心。話雖如此，我幾乎沒什麼辛香料或香草的知識，只能先從逐一嘗試味道和香氣的階段開始。之後試著結合多種材料，找到喜歡的配方就加進麵糊試烤，一直重複這樣的流程。後來就慢慢找到例如「主體感強烈的大茴香加上茴香籽，可呈現有層次感且平衡良好的風味」這樣的訣竅。

現在使用的辛香料和香草大概有15種。有些品項使用單一種，有些會把2至5種加在一起使用，但最需要注意的是份量，尤其是迷迭香這種風味強烈的香草，放太多就會破壞口味平衡，在思考新配方時我也反覆試作。現在商品裡香料味最重的是3種布朗尼。「芫荽」和「凱莉茴香」的香氣出色，會當作單一口味使用，「迷迭香」則是搭配上肉桂比較順口美味。磅蛋糕或馬芬烘焙的基本，是配合水果或堅果等主要配料來選用辛香料、香草。不使用香料，風味柔和的品項也會烘焙好幾種。我雖然以洋酒和香料作為主題，但本身其實並不喝酒。使用洋酒的食譜是從書上參考而來，有時也會透過朋友或客戶的建議想到新商品，之所以會製作黑啤酒漬無花果的馬芬，也是因為有人告知「黑啤酒和無花果很搭喔」。

最近感興趣的香料是辣椒或芥末之類，之後想挑戰看看帶有刺激性的辣味烘焙點心。

某一日的作息時間

7:30　進店。
　　　製作當天份的磅蛋糕4至5種，
　　　馬芬3至4種。
　　　包裝、上架。
12:00　開店。
14:00　接待客人同時製作
　　　隔日份的2種起司蛋糕。
　　　有時間再多作隔日份的
　　　布朗尼、磅蛋糕或餅乾等等。
　　　商品賣完後，打烊。
　　　收拾．清掃。
18:30　離店。

Data

內場＆門市人員●竹下女士1人
烤箱●營業用瓦斯旋風烤箱1台

Pompon Cakes Blvd.

ポンポンケークス ブールヴァード

神奈川縣鎌倉市梶原4-1-5　助川ビル1F
☎ 0467-33-4746

「想成為如社區的客廳一般的存在」
嘗試透過美食與地方社群產生連結

　　鎌倉的夜晚降臨得早，夕陽西下店家就紛紛打烊，行人也變得稀落起來。自2011年夏季開始，在這樣的夜間鎌倉車站前，突然出現了長長的人龍。大家的目標，正是騎載貨自行車來賣烘焙點心的「Pompon Cakes」，路邊攤位開賣30分鐘就可賣完100至120個烘焙品。爾後於2015年4月，在距離鎌倉站20分鐘公車車程的住宅街梶原，正式開設了實體店面。店長是在梶原長大的立道嶺央先生。大學就讀建築科系畢業後，有過成為茅屋建造工匠學徒這樣的特別經歷。開始學藝2年，思考今後人生出路時，腦海中浮現的是在舊金山和波特蘭見到的情景：年輕人經營的飲食攤位或店面，跟街道社群之間似有著密不可分的關聯性。就這樣，立道先生得到了靈感，希望在鎌倉街道巷弄間，兜售由開烘焙教室的母親所作的點心。但是母親有為子女士的個性嚴格，對他說「要賣給客人的東西得自己去作」。話雖如此，她也並不傳授作法，立道先生只能活用工匠時期所培養的經驗，一邊看一邊偷學。

　　即使早上就開始準備，所有事務處理完也總是已經來到黃昏時分。Pompon Cakes的點心雖樸素，卻又帶著些時髦氣息，總是以飛快速度賣完，每晚都有客人排隊等待卻買不到。雖然賣得好讓人高興，但立道先生也思考起是否要滿足於此。而就在擺攤第3年的某個早上，自家附近出現了房屋出租的告示，那個瞬間，立道先生就決定要在這裡開蛋糕店。經營理念是，任誰都可以自在踏入並放鬆身心，「像家一樣的店」。後來也如同當初構思，成為了一間平日聚集近鄰小孩老人，週末會有年輕人從市中心特地來訪的店家。他未來的夢想是蓋一座農園，除了生產食材外，也可以讓附近的孩子們參與農作，創造出經由食物寓教於樂的機會。透過點心店，對於街道，乃至於社會規模的改造嘗試，現在才剛正式起步。

Data

開業日期●2011年7月（2015年4月開設實體店面）
營業型態●外帶、12人咖啡座
店鋪規模●門市‧咖啡廳20坪、廚房84坪
客單價●1500日圓
平均來客數●平日50至60人、週末90至100人
營業時間●10：00至18：00
店休日●星期二‧一

a:店面風格打造是委託大學學長,身為室內設計師的鈴木一史先生處理。兩面牆上都裝滿大扇的玻璃窗,形成開放且明亮的空間。 b:廚房和客席間設有大片開口處,門市的對話和廚房製作點心的聲音,兩邊都各自能清楚聽見。 c:間隔客席和廚房的門裝有透明玻璃。小孩們會搶著衝上前,近距離觀看製作點心的過程。 d:美國的烘焙工具擺在櫃台上展示。 e:內部裝潢使用色調相近的不同木材,營造令人放鬆的閒適感。 f:店員道一聲「您好!」熱情接客,在客人離開時也會祝賀「有個愉快的一天!」,並送到門口。 g:咖啡座備有嬰兒椅。每天來吃點心的男性常客也不在少數。

餅乾
Cookie

有「巧克力花生餅乾」（每片100日圓）和「美式燕麥餅乾」（每片130日圓）兩種。雖然是美式餅乾，口味卻清爽不膩，且作成直徑約8cm，便於一口吃下的大小。

司康
Scone

供應「楓糖司康」（300日圓）1種。使用楓糖製作麵糰，並淋上楓糖糖霜。大口咬下，彷彿會發出喀哩聲的彈牙口感讓人開心。

蛋糕
Cake

櫃台上擺著「莓果鄉村蛋糕」（390日圓）和秤重販售的「香蕉蛋糕」（4日圓／g）等剛出爐的2至3種蛋糕。冷藏櫃裡的是「紐約起司蛋糕」（380日圓）、「胡蘿蔔蛋糕」（380日圓），以及「檸檬起司派」（500日圓）等使用奶油霜的4至5種蛋糕，還有2種「戚風蛋糕」（290至300日圓）和以當季食材製成的塔或蛋糕捲。水果是使用「青果ミコトヤ」的有機產品。蛋糕每種烘烤量1至5條不等，但到傍晚幾乎都會完售。

h：「美式燕麥餅乾」混合兩種麵粉，作出酥酥脆脆的口感。　*i*：氣密性高的營業用多層烤箱上塞著烘焙手套，這是為了達到散熱、散蒸氣迅速的家用烤箱烘烤效果，所想出來的技巧。　*j*：攪拌設備主要使用2台桌上型攪拌器。

ポンポンケークス ブールヴァード

Pompon Cakes BLVD. 的烘焙甜點

店主●立道嶺央先生

　　我們店裡主要是賣母親長年以來製作的點心。母親在美國向法國女老師學過點心製作，店裡除了胡蘿蔔蛋糕和起司蛋糕等美式點心外，也有薩瓦蘭蛋糕或塔這類，以法國甜點為基礎的產品。母親已有30年烘焙經驗，但對我來說頗有新鮮感。我覺得是因為有兩個人邊討論邊作，才能找到帶著趣味性又不過於尖銳，取得適度平衡的風味。

　　我希望作出大家每天都能無負擔地享用的柔和味道，堅持使用有機食材，即便減糖還是讓人想一吃再吃，因此營運主題就成了「有機上癮」，期盼自己能化為客人經常想再光顧的日常一部分。「蛋糕」這個詞本身就帶有慶祝感，重點是要怎麼讓它反璞歸真，包裝成日常性的存在。除了花心思讓味道和外觀不要太特殊外，價格也以平常可以輕鬆購買的300日圓為主，也有孩子們捏著一枚百元硬幣，就可以自己來買到的100日圓餅乾。

　　不過，即使我非常重視「巷弄裡的蛋糕店」這種定位，也還是希望端出用來送禮時不失體面的商品，因此經常在改良食譜。我喜歡烘烤得很透徹，把一粒粒麵粉完全烤熟，且總是留意蛋糕體中的蛋有沒有確實熟透，希望烘烤出即將燒焦的濃厚香味。麵粉也是研究起來學問很多的領域，有段時間我下了非常多工夫，店裡的點心大多是以數種小麥粉混合製成。流動攤販時期用的是家用烤箱，但轉為店鋪後，為了研究如何以營業用烤箱作出家用烤箱的風味，累積起相當多知識（笑）。

某一日的作息時間

5：00　　立道先生進店，
　　　　　為當天份的塔、派、
　　　　　蛋糕捲、葡萄乾夾心餅乾
　　　　　各1種進行收尾作業。
　　　　　製作當天份的1種司康、
　　　　　2種戚風蛋糕、1種鄉村蛋糕。

6：00　　內場人員進店，
　　　　　參與製作工作。
　　　　　分切蛋糕、上架。

10：00　　開店。
　　　　　接待客人＆製作隔日份的
　　　　　起司蛋糕、胡蘿蔔蛋糕等，
　　　　　5種蛋糕和2種餅乾。
　　　　　為塔、派、蛋糕捲、
　　　　　葡萄乾夾心餅乾等備料。

12：00　　門市人員進店。
　　　　　內場人員繼續作隔日販售的份量及備料。

16：00　　內場人員下班。

18：00　　打烊。收拾・清掃。

18：30　　門市人員下班。
　　　　　立道先生繼續製作隔日販售的份量
　　　　　及備料。

20：00至24：00　　立道先生離店。

Data

內場＆門市人員●立道嶺央先生、有為子女士
　　　　　　　　　＋2至3人

門市人員●1人

烤箱●三層烤箱2台、營業用電力蒸氣旋風烤箱
　　　　1台、家用電力旋風烤箱1台

Shapes of the cake

蛋糕的形狀

圓形、方形、大蛋糕、小蛋糕。
剛出爐的蛋糕有著令人喜愛的單純外形。

Traybake
烤盤糕點

以方形大烤模製作，再大致分切成塊。在英國是最經典的外形。

Round cake
圓形蛋糕

使用圓形的環狀烤模、塔模
等烘烤而成，大家熟悉的蛋
糕外形。

Pound cake
磅蛋糕

以專用長方形烤模製成的烘焙點心。順帶一提，磅蛋糕的名稱，是源自以前原料
各使用1磅麵粉、砂糖、奶油和雞蛋的習慣。

Cupcake
杯子蛋糕

將麵糊倒進杯子蛋糕模或馬芬模中烘烤。「馬芬可替代主食，因此減糖作成類似麵
包的質地，杯子蛋糕則是將麵糊倒入小烤模製作。」（島澤安從里女士／ユニコーン
ベーカリー）。

Bundt cake
邦特蛋糕

使用圓環形的邦特蛋
糕烤模，是經典的美式
蛋糕。

Cookie!

American cereal cookies
美式燕麥餅乾 （作法→P.80）
ポンポンケークス ブールヴァード◎立道嶺央

Shortbread
奶油酥餅 （作法→P.80）
メゾン ロミ・ユニ◎いがらし ろみ

Anise & fennel cookies
大茴香&茴香籽餅乾 （作法→P.81）
チリムーロ◎竹下千里

Chai biscotti
香料茶義式脆餅 （作法→P.81）
カナム◎石橋 理

Lemon Cookies
檸檬餅乾 （作法→P.82）
メゾン ロミ・ユニ◎いがらし ろみ

Chidori cookies
千鳥餅乾 （作法→P.83）
菓子工房ルスルス◎新田あゆ子

Cocoa rice flour snowball cookies
巧克力米粉雪球 （作法→P.83）
カフェバンダ◎関 牧子

Anise rose cookies
大茴香玫瑰餅乾 （作法→P.84）
菓子工房ルスルス◎新田あゆ子

American cereal cookies

美式燕麥餅乾 （成品圖→P.78）

滿滿的燕麥、堅果和水果乾。酥脆爽口的口感令人上癮。

ポンポンケークス ブールヴァード◎立道嶺央

材料（約20片份）

奶油　210g

素精糖*……115g

全蛋液……1大匙

A
- 低筋麵粉（ドルチェ／江別製粉）……37.5g
- 低筋麵粉（エクリチュール／日清製粉）……37.5g
- 全麥粉……75g
- 泡打粉……1小匙
- 小蘇打粉……1小匙
- 肉桂粉……1小匙
- 肉荳蔻粉……1/4小匙
- 丁香粉……1/8小匙

B
- 小麥麩皮……20g
- 奶粉……25g
- 燕麥片……100g
- 椰子粉……15至25g
- 核桃……15至25g
- 葡萄乾……25g

*　100%使用沖繩縣產甘蔗，是能確實品嚐到紅甘蔗豐富鮮甜滋味的砂糖。（生活クラブ生協販售、＜株＞青い海製造）。

1　調理盆中放入奶油，以打蛋器攪拌成偏硬的乳霜狀。依序加入素精糖和全蛋液並攪拌。

2　過篩加入混合的A料，粗略攪拌，先不作成麵糰。在還有粉感的狀態下，依序加入B料，每次加入都大動作俐落切拌。材料均勻混合後，冷藏半日。

3　將麵糰分成各30g的小塊，放在鋪烘焙紙的烤盤上，壓成直徑約5.5cm，中央稍厚的扁圓形。以預熱至170至175℃的烤箱烘烤10分鐘即完成。★1

Point

★1　烘烤的注意事項：麵糰易出水，離開冰箱後請立刻塑好外形放進烤箱。

Shortbread

奶油酥餅 （成品圖→P.78）

仔細以低溫烤成的英式餅乾。奶油的品質是決定味道的關鍵，請務必選用美味的奶油。

材料（20條份）

A
- 奶油（北海道・町村農場）……125g
- 低筋麵粉（ムーラン・ド・ブラスイユ　ファリーヌT65パティシエール／DGF）……250g
- 糖粉……50g
- 鹽……1g

牛奶……15cc

1　食物調理機放入A料，攪拌至看不見奶油顆粒的鬆粉狀。★1

2　加入牛奶，攪拌成均勻的麵糰。

3　將麵糰放在桌上，以擀麵棍壓至1.5cm厚度。以保鮮膜包起，冷藏2至3小時。

4　以菜刀分切成長7cm、寬1.5cm的棒狀，擺上鋪烘焙紙的烤盤。以竹籤尾端戳出3個深約麵糰厚度一半的洞。放入遇熱至130至140℃的烤箱烘烤1小時，再連同烤盤放上網架冷卻後即完成。

Point

★1　砂糖須知：為呈現鬆軟口感，而選用了糖粉。因為配方水分較少，如用細砂糖無法完全溶解，吃起來會有沙沙的感覺。

Anise & fennel cookies

大茴香&茴香籽餅乾 （成品圖→P.78）

充滿個性的大茴香搭配清爽的茴香籽，融合兩種香氣有著大人味道的餅乾。

チリムー口◎竹下千里

材料（15至20枚份）

奶油……100g

細砂糖……60g

A* ┌ 大茴香籽……1/2大匙
   └ 茴香籽……1/2大匙

全蛋（L尺寸）……1顆

B ┌ 低筋麵粉（ドルチェ／江別製粉）……170g
  │ 杏仁粉……30g
  └ 泡打粉……1/2小匙

核桃……40g

＊ 混合後放入研磨器，磨至粉狀。

1　奶油以打蛋器輕輕攪拌，一次加入細砂糖後拌勻，再加入A料攪拌。★1

2　全蛋打散，少量多次加進步驟1的材料中，每次加入都以打蛋器攪拌，使其乳化。

3　將B料過篩加入並以橡皮刮刀切拌。加入切成1cm大小的核桃，輕輕粗略攪拌。

4　整成麵糰以手壓平，以保鮮膜包起，冷藏一晚。★2

5　一次取出1/4的量，以擀麵棍桿成5mm厚，再以直徑5cm的圓模壓出餅乾形狀。擺上鋪烘焙紙的烤盤，以預熱至170℃的烤箱烘烤20分鐘即完成。★3

Point

★1　奶油的柔軟度：奶油過軟就無法作出酥脆口感。請以攪拌器抵住盆底輕輕攪拌，打成有硬度的乳霜狀。

★2　麵糰：油脂含量多會使麵糰變得黏糊，請冷藏庫充分冷卻後，再壓模塑形。

★3　塑形：麵糰離開冰箱後很快會出水，變得難以處理。在使用前請保存於冷藏庫，一次塑形1/4的量就好。

Chai biscott

香料茶義式脆餅 （成品圖→P.78）

飄散紅茶葉與香料芬芳氣味的烤餅乾。喀嚓喀嚓的咀嚼口感頗有樂趣。

カナム◎石橋 理

材料（12枚份）

A ┌ 低筋麵粉（ドルチェ／江別製粉）……140g
  │ 泡打粉……1/2小匙
  │ 洗雙糖……30g
  │ 鹽……1小撮
  │ 紅茶葉＊……1小匙
  │ 肉桂粉……1/2小匙
  │ 荳蔻粉……1/2小匙
  └ 薑粉……1/2小匙

B ┌ 菜籽油……40cc
  └ 豆漿（成分無調整）……75cc

＊ 用研磨器或研磨缽磨成粉狀。

1　將A料過篩放入調理盆，以橡皮刮刀輕輕攪拌。

2　混合B料，以小型打蛋器攪拌使其乳化。

3　將步驟2的材料繞著圈倒入步驟1的調理盆，以橡皮刮刀攪拌至沒有粉感。★1

4　以手整理成寬10×長18cm的四方型。放上鋪烘焙紙的烤盤，以預熱至170℃的烤箱烘烤30分鐘。

5　出爐後放涼，分切成1.5cm寬，排上鋪烘焙紙的烤盤，以預熱至130℃的烤箱烘烤50分鐘即完成。★2

Point

★1　粉類的混合方式：過度攪拌使麵糰變硬，粉感消失後請立即停止攪拌。

★2　烘烤須知：以較低溫度烤乾水分，再徹底烘烤，形成咬起來喀嚓作響的酥鬆口感。

Lemon cookies

檸檬餅乾 （成品圖→P.79）

覆著咬勁爽快的糖霜是一大賣點。
咬下一口，奶油香氣和檸檬的清爽酸味就會在嘴中擴散。

メゾン ロミ・ユニ◎いがらし ろみ

材料（10片份）

A ┌ 低筋麵粉（ムーラン・ド・ブラスイユ ファリーヌ T65
　　パティシエール／DGF）……125g
　│ 糖粉……65g
　│ 泡打粉……1小撮
　└ 鹽……1小撮
發酵奶油*……60g
全蛋……25g
糖霜
┌ 檸檬汁……約20g
└ 糖粉……90g

* 請事先冷藏。

糖霜硬度要調整在剛塗上時會短暫殘留刷痕的程度。塗完後以拇指和中指指腹抹掉多餘糖霜，整理外型，這一小步動作可以賦予成品美感。

1　調理盆過篩放入A料和發酵奶油，以切板切拌發酵奶油。發酵奶油切成小塊後以手指跟粉類揉合，揉至鬆粉狀。

2　打散全蛋，加入步驟1的調理盆，先以手指和粉類混合，之後以切板整體攪勻，作成麵糰。

3　將麵糰放到桌上，以手從身體方向往外，如壓平在桌面上般用力揉開。全部揉完後，將麵糰整理成一球，再重複揉壓2次。★1

4　將麵糰整理成一球，以手壓成1至1.5cm厚。以保鮮膜包好，冷藏2至3小時。

5　將麵糰放到撒了手粉（份量外）的桌上，以擀麵棍桿成2mm厚，包上保鮮膜再冷藏30分鐘。★2

6　以直徑7cm的圓模將步驟5的麵糰壓出形狀，排上鋪烘焙紙的烤盤。以預熱至170至180℃的烤箱烘烤12至15分鐘。整體烤上色後取出，留在烤盤上散熱★3

7　製作糖霜。糖粉過篩放入調理盆，分次少量加入檸檬汁。★4

8　以矽膠刷將糖霜抹上步驟6的餅乾表面，邊緣以拇指和中指指腹劃過，整理輪廓。

9　將步驟8的餅乾排上烤盤，以200至210℃的烤箱烘烤數十秒收乾水分，出爐後放在烤盤上散熱，便可完成。★5

Point ━◆━◆━◆━◆━◆━◆━◆━◆━◆━◆━◆━◆━◆━

★1　揉捏方式：以作麵包的訣竅揉捏，會讓口感變硬，且烘烤時麵糰會萎縮，使形狀走樣。以壓平在桌面上的方式來揉，就能揉得恰到好處，讓水分均勻分布到整體。

★2　冷卻麵糰：麵糰擀開和以模子壓形前，都必須要冷卻麵糰。若省略這個步驟，麵糰會出水，無法烘烤成漂亮的圓形。

★3　烘烤火候：重點是讓麵粉、砂糖和奶油發出烘烤過的濃郁香氣，需要確實烤透才行。也請留意控制火候不要燒焦。

★4　糖霜硬度：若檸檬汁過多會使糖霜過軟，雖然方便塗抹但也容易流淌，無法形成厚度。製作偏硬的糖霜，就能呈現爽脆的咬勁。

★5　糖霜收乾方式：周圍的糖霜沸騰且開始冒泡時，請立刻從烤箱中取出。

Chidori cookies
千鳥餅乾　（成品圖→P.79）

以千鳥模型壓出的和風香料餅乾。
口感酥脆，嘴裡瞬間充滿肉桂香氣

菓子工房ルスルス◎新田あゆ子

材料（約30片份）

奶油……50g

A
┌ 粗紅糖（cassonade）……40g
│ 細砂糖……15g
│ 肉桂粉……2.5g
└ 鹽……0.5g

B
┌ 全蛋……12g
└ 牛奶……4g

低筋麵粉（スーパーバイオレット／日清製粉）……100g

糖粉……適量

肉桂粉……適量

1　奶油攪拌成髮蠟狀，加入A料並攪拌均勻。
2　混合B料，隔水加熱至比體溫稍高的溫度。
3　在步驟1的調理盆中少量多次加入步驟2的材料，每次加入都以橡皮刮刀攪拌使其乳化。★1
4　在步驟3的調理盆中加入低筋麵粉，以橡皮刮刀攪拌均勻。
5　以擀麵棍桿成4mm厚，並以千鳥型的模（46×40mm）壓形，以濾網灑上1：1混合的糖粉和肉桂粉。排上烤盤，並以預熱至170至175℃的烤箱烘烤15至18分鐘即可。

Point

★1　麵糰的狀態：呈現有彈力且帶光澤的質地最好。

Cocoa rice snowball cookies
巧克力米粉雪球　（成品圖→P.79）

在嘴裡蓬鬆化開的米粉雪球。
楓糖漿和米飴交織出柔和的甜味。

カフェバンダ◎関 牧子

材料（12顆份）

A
┌ 菜籽油……43g
│ 泡打粉……18g
└ 米飴＊……10g

B
┌ 米粉（北海道産米粉／オーサワジャパン）……40g
│ 杏仁粉……30g
└ 可可粉……20g

椰子絲……適量

＊　麥芽糖的一種，若變硬請隔水加熱軟化。

1　混合A料，以打蛋器攪拌至起細緻泡沫。
2　混合B料輕輕攪拌，過篩加進步驟1的材料。如有杏仁粉殘留在篩上，也加入麵糰中。
3　以打蛋器攪拌至完全均勻，再以切板整理形狀。
4　以手捏成直徑約3cm的圓形，並放進裝有椰子絲的盤中滾動，讓椰子絲沾滿整體。排上鋪烘焙紙的烤盤，以預熱至160℃的烤箱烘烤19分鐘便可完成。

Anise rose cookies

大茴香玫瑰餅乾 （成品圖→P.79）

苦味巧克力麵糰上灑著甜味鮮明的糖粉，兩者對比令人印象深刻。
帶著大茴香的異國風情，是一款香氣優雅的餅乾。

菓子工房ルスルス◎新田あゆ子

材料（90至100個份）

奶油……240g
細砂糖……240g
蛋白……90g
鹽……4g

A
低筋麵粉（スーパーバイオレット／日清製粉）……300g
可可粉……60g
大茴香粉……4g

糖粉……適量

1　將奶油以手持式電動攪拌器高速攪拌成偏軟的髮蠟狀。加入細砂糖，攪拌5分鐘打入空氣。

2　蛋白仔細打散成水狀，加入鹽。分次加進步驟1的調理盆，每次加入都以手持式電動攪拌器高速將麵糰確實攪勻。

3　將A料混合過篩，加入步驟2的調理盆，以橡皮刮刀攪拌至色澤均一。

4　麵糰填入裝上星型花嘴（10齒8mm）的擠花袋，在鋪烘焙紙的烤盤擠出直徑3cm的圓形，以預熱至175℃的烤箱烘烤15分鐘。

5　出爐後在烤盤中放涼，完全冷卻後灑上糖粉便完成。

About The Flour

麵粉二三事

Amy's Bakeshop
エイミーズベイクショップ　吉野陽美女士
◎中高筋麵粉、全麥粉（品牌未公開）

不同麵粉有各自的風味，但對於我追求的口感而言，國產麵粉質地細緻、味道不太夠勁。另外，使用低筋麵粉會作出綿軟的柔和味道，無法呈現我喜歡的濃厚風味，話雖如此，改用高筋麵粉又太厚重了。嘗試過許多種類後，最終決定主要採用北美產的中高筋麵粉，外層酥脆、內裡濕潤的成品讓我相當滿意。在那之後，就開始重點研究怎麼搭配麵粉和技巧，作出想要的口感。決定使用的麵粉後，就重複試作，並定下了將麵糰確實攪拌出現光澤的製作方針，這樣的麵糰有黏性，能呈現恰到好處的重量感。本店產品超過30種，但使用的麵粉只控制在2種，不選用各式各樣的麵粉，而是透過配方和技巧，賦予每樣商品應有的口感。因為使用量大，所以可以穩定進貨這一點也很重要。使用的品牌較少，就容易把存貨用完，藉此來確保產品新鮮度。

Ressorces
菓子工房ルスルス　新田あゆ子女士
◎低筋麵粉「スーパーバイオレット」日清製粉（北美產等）
◎低筋麵粉「特宝笠」增田製粉所（北美產）
◎低筋麵粉「穗希」小田象製粉（北海道產）
◎高筋麵粉「スーパーリッチ」プロフーズ（北美產）
◎全粒粉「全粒粉」千葉製粉（加拿大產）

大部分商品都是以「スーパーバイオレット」製作。從開店前到現在都是，無論什麼點心都能作，泛用性就是它的優點。作派皮或塔皮麵糰時也會用高筋麵粉。至於作法簡單，更容易感受麵粉品質、風味的點心，則使用全麥粉「穗希」或「特宝笠」等等。「穗希」用來製作馬芬，「特宝笠」作司康可呈現濕潤口感，用作餅乾則會有鬆軟口感。

Khanam
カナム　石橋 理女士
◎低筋麵粉「ドルチェ」江別製粉（北海道產）
◎米粉「こだわりの米粉」ケイホットライス（青森縣產）

「ドルチェ」可以明確嚐到麵粉風味，作出美味、扎實的口感。米粉各廠家之間烘焙出的味道差別很大，我曾經作過各種嘗試，以吸油程度和膨脹度來看，最適合本店配方的是青森縣・津輕中里產的米粉。

cafe Banda
カフェバンダ　関 牧子女士
◎低筋麵粉「ドルチェ」江別製粉（北海道產）
◎高筋麵粉「春よ恋」富澤商店（北海道產）
◎全麥粉「北海道產全粒粉 きたほなみ」富澤商店（北海道產）
◎米粉「オーサワの米粉」オーサワジャパン（北海道產）
◎葛粉「オーサワの本葛」オーサワジャパン（南九州產）

麵粉都使用國內產品。我的烘焙點心都是使用味道簡單、可直接感受素材風味的配方，因此低筋麵粉、高筋麵粉和全麥粉等，會選用味道可口的品項。此外，磅蛋糕和馬芬有些配方適合濕潤的麵糰，這時就會混用米粉。雖然都是米粉，但不知是品種差異還是磨法不同，每種商品作出來的口感相差很大，作了

許多嘗試後才終於底定米粉的品牌。也有試過餅乾裡會放的上新粉，但顆粒太粗無法烤出鬆軟的口感。要有酥脆口感的司康會混用葛粉。也使用過太白粉，但根據長壽飲食法，葛粉是可以暖身的食材，太白粉則屬寒性，所以我一定會用葛粉。雖然都是用葛粉這個商品名稱，但也有很多品牌會混入馬鈴薯澱粉等其它東西，選購時請多注意。

Sunday Bake Shop
サンデーベイクショップ　嶋崎かづこ女士
◎低筋麵粉「フランス產薄力粉」東名食品（法國產）
◎中高筋麵粉「フランス產準強力粉」東名食品（法國產）
◎低筋麵粉「特宝笠」增田製粉所（北美產）
◎全麥粉「全粒粉D」日清製粉（北海道產）
◎黑麥粉「アーレミッテル」日清製粉（德國產）

主要使用的是フランス產薄力粉，可以確實嚐到麵粉風味，且研磨顆粒較粗這點我很喜歡。如果使用國產的細粒麵粉，可作出氣孔緊密，形狀漂亮的麵包，但現在用的法國麵粉能作出我想要的酥脆爽口感。司康或部分餅乾，會混用同樣法國產的中高筋麵粉。對於使用低筋麵粉時烤而缺乏黏結性的餅乾來說，混加中高筋麵粉不僅可幫助餅乾成形，烤出來的口感更是扎實酥脆。如果是想要烤得鬆軟的馬芬之類，就會使用質地細緻的「特宝笠」。全麥粉用來製作核桃司康、奶油酥餅或司作烤盤糕點的底座，有時候也會加進維多利亞海綿蛋糕的麵糊。黑麥粉用在司康或黑麥蛋糕等產品，各家廠牌烤出來的成品大不相同，但我認為「アーレミッテル」顆粒的粗細正適合用來作點心。

Chirimulo
チリムーロ　竹下千里女士
◎低筋麵粉「ドルチェ」江別製粉（北海道產）
◎全麥粉「北海道地粉」クオカ（北海道產）

因為想使用能讓人安心的材料，而選擇了國產的麵粉。所有的點心都是以「ドルチェ」製作，顆粒細緻，篩過後會變得沙沙的用起來很順手。味道也很好，有了這種粉，不論什麼點心都可以隨機應變來使用，非常便利。

Pompon Cakes Blvd.
ポンポンケークス ブールヴァード　立道嶺央先生
◎低筋麵粉「ドルチェ」江別製粉（北海道產）
◎低筋麵粉「エクリチュール」日清製粉
◎高筋麵粉「モナミ」富澤商店（主北美產）
◎全麥粉「長野縣產全粒粉」柄木田製粉（長野縣產）

大部分點心都是以「ドルチェ」和「エクリチュール」混合製作。「ドルチェ」是可以作出天然美味的麵粉，但太過鬆軟且和膨脹度過高，無法達到我追求的扎實口感，因此加入「エクリチュール」調整，以帶出適當的重量感。配方根據當日氣候或使用的蔬菜水分等條件，每天都會作些微調整。現在是使用過4種麵粉，但之後也打算繼續嘗試，可能會再作改變。

Maison romi-uni
メゾン ロミ・ユニ　いがらし ろみ女士
◎低筋麵粉「ムーラン・ド・プラスイユ ファリーヌ T65 パティシエール」DGF（法國產）
◎低筋麵粉「ドルチェ」江別製粉（北海道產）

◎低筋麵粉「特宝笠」增田製粉所（主北美產）
◎低筋麵粉「グーデリエール」日本製粉（北海產）

沙布列餅乾會使用法國麵粉公司的產品製作，因為香氣很夠，烘烤出的成品芳香無比，且口感酥脆。這種粉比日本廠商作的顆粒更粗，摸起來是品質優秀的沙沙粉，第一次用時因為實在太好吃，還真的有點嚇到。但是以這種粉作蛋糕，會變得比較乾燥，因此要呈現潤澤油的「全粒粉」系列或司康上。馬芬是以「特宝笠」製作，因為顆粒很細，入口即化的質地和帶著奶香的味道是魅力所在。司康用的則是「グーデリエール」，這種粉是石臼研磨，有著實在的風味，對於要直接感受材料味道的司康來說再適合不過。

Unicorn Bakery
ユニコーンベーカリー　島澤安從里女士
◎低筋麵粉「DMS」柄木田製粉（長野縣產）

因為想使用安心且安全的素材，而選擇了國產麵粉。北海道或九州產的粉我也試過，不是太過黏稠就是太過乾燥，找不太到能實現心目中口感的產品。這種麵粉烘焙的成品口感綿潤，可以作出我喜歡的成果，現在所有產品都是使用這種麵粉。

Rustica
ルスティカ菓子店　中井美智子女士
◎低筋麵粉「エクリチュール」日清製粉（法國產）
◎低筋麵粉「ファリーヌ」江別製粉（北海道產）
◎低筋麵粉「シリウス」日本製粉（北海道產）
◎高筋麵粉「レジャンデール」日清製粉（北美產）
◎全麥粉「全粒粉（強力）」江別製粉（北海道產）

配合想要的口感，各使用法國、日本和北美產的5種麵粉。整體而言「エクリチュール」既美味且顆粒粗，是我最喜歡的一種，這種麵粉主要是用來作費南雪或法式酥餅等傳統法國點心。不過像奶油含量多的費南雪喜好，法式酥餅就會太乾，這種自由不拘的特色我認為很有法國風格。另一種常用的粉是「ファリーヌ」，適合製作偏硬的點心，我用在將奶油改成菜籽油的「自然餅乾」系列或司康上。馬芬需要濕潤感，曾試過幾種北海道產的粉，但幾乎都太過黏稠厚重。「シリウス」不會過重，還能展現多采多姿的鬆軟口感，食分令人喜愛。原本作為法國麵包用粉的「レジアンデール」風味濃厚，我中意它的原因，在於可吃出有別於砂糖的小麥特有甜味，用來製作司康，風味就會馬上變得有深度。北海道產的全麥粉則用來作司康或自然餅乾等，味道樸素的產品。

Ressources

菓子工房ルスルス 浅草店

東京都台東区浅草3-31-7
☎ 03-6240-6601

原本為日本舞練習場的日式房屋中
並列著模樣可愛的法國點心

　　由淺草寺內部延伸出去的觀音裏商店街，是有不少歇業店家的寧靜區域。在這街道上，有著一間飄出甜美香氣的日式房屋，那便是2007年新田あゆ子、まゆ子姊妹在東麻布所開創的「點心工房Ressources」2號店。

　　原本是以點心教室為出發點，但販售課堂上所教過點心的販賣部，1年後就面臨供不應求的問題。「像禮盒這種整批的訂單都得推掉，讓人難以接受」，因此開始考慮打造新的據點。2011年兩姊妹開始在老家淺草，物色有鄉土風情的舊料亭房屋，翌年找到了這間原本是日本舞練習場的房子。

　　改建之際，留下了玄關和橫樑，並二度利用門窗和建材，盡可能保持原有的氣氛。門市的貨架也有一部分使用殘留的建材，古色古香的玻璃櫃內放著25至30種烘焙點心，櫃台下的冷藏櫃裡有7至8種生菓子。門市內部設有可以搭配咖啡或茶享用點心的內用區。再往裡走是以往來練習的舞台，現在則當作教室使用。製作流程繁忙，要同時開課教學雖然疲累，但あゆ子女士表示：「幫助學生們藉著點心帶給重要的人幸福感，和自己作點心給別人吃，這兩種喜悅截然不同。」

　　淺草店開店1年後，承蒙銀座的百貨公司來邀約設櫃，東麻布店最初內場人員只有新田姊妹兩人，現在已增加到7人。眼前的課題是打造出既可守護手工製作的味道，又能避免商品一下子就賣光的體制。現在供應的產品，僅限於所有員工都能作出一樣味道的品項，不過あゆ子女士笑著說到：「希望有一天能自己關在工坊裡隨心所欲地烘焙，但想到還要培訓員工，這個願望可能得延後了。」

Data

開業日期●2007年10月在東麻布開設點心教室
　　　　　（2008年4月開始販賣點心。
　　　　　淺草店在2012年7月開業。）
營業型態●外帶、8人咖啡座、烘焙教室
店鋪規模●門市2坪、咖啡廳6坪、廚房9坪、教室10坪
客單價●1000至3000日圓
平均來客數●30至50人
營業時間●12：00至20：00
店休日●星期一、每月第2・4個星期二

a:磚瓦屋頂配上白牆、黑窗格門,店鋪是以有品味的日本舞蹈練習場改裝而成。　b:門市裡側是內用區。再往下走的格柵窗裡頭,是烘焙教室區域。　c:搭配和風骨董家具,讓內部裝潢更有氣氛。　d:使用一部分改裝前建材作成的陳列架。烘焙點心排放在雜貨店用的展示櫃當中。　e:天花板拆除但橫樑保持原貌,掛著花和帽子展示。　f:烘焙教室。直接沿用原為練習場的舞台空間,挑高的天花板帶來開放感。教室設有3台家庭用瓦斯烤箱。半年的定期課程包括入門、基礎和應用等內容,每班招收6至8個學員。

 餅乾
Cookie

 馬芬
Muffin

 蛋糕
Cake

展示櫃裡餅乾和半乾點心（demi sec）等品項，通常供應約20種，另有3種馬芬，約4種塔或派。混入黃豆粉的雪球「黃豆子」（300日圓）、以千鳥形烤模壓成的香料餅乾「千鳥」（350日圓）、貓咪形狀的薑餅「MIKAMOTO香料餅」（280日圓）是熱門招牌商品。馬芬每天會作不同口味，有「香蕉巧克力」和「甘薯芝麻」（各390日圓）等等。蛋糕也是每天更換口味，除了使用當季水果的塔之外，也有供應皮蒂維耶餡餅或巴斯克蛋糕等法國傳統甜點。

 蛋糕
Cake

生菓子有使用時令水果的蛋糕捲和奶油蛋糕，以及「布丁」（300日圓）或選購後才擠入鮮奶油的「泡芙」（250日圓）等等，大約7至8種品項。

司康
Scone

餅乾
Cookie

展示櫃旁側有含2種司康的組合「Ressources司康」（500日圓），及罐裝的糖霜餅乾「夜空罐」和「小鳥餅乾」（各1500日圓）。

菓子工房ルスルス
Ressources的烘焙甜點
店主●新田あゆ子女士

　　我在短期大學畢業後，為了想從事願意做一輩子的工作，而走上了點心烘焙這條路。在市中心的洋菓子店等處從事製作工作時，就下定決心「我能做一輩子的職業不是烘焙坊人員，而是烘焙教室老師」。在那之後，我在烘焙教室和點心學校擔任助教3年半的時間，27歲時和妹妹一起開了烘焙教室。

　　我認為製作點心的關鍵，在於每道工序都要投注情感細心進行。在教室也告訴學員們，如果照著必要順序仔細作，想必能出美味的成品，除此之外，對奶油、雞蛋和麵粉等材料的性質，也有必要詳細了解。只要掌握這些要點，即使是瑪德蓮或泡芙這種司空見慣的點心，也能作得前所未有地美味。烘焙點心是能夠更直接感受麵糰美味的點心類型，因此我認為用來學員認識主要材料是再適合不過了。在這裡開業的時候，就將烘焙點心列為教學主要項目，也賣起教室裡教的各種點心。

　　我喜歡的點心是味道調和適宜，讓人會想一口接著一口的類型。因此在製作時，雖然風格並不華美亮眼，但會設法做出符合Ressources特質的味道。還有，外表可愛與否也很重要，我喜歡渾圓的外型，覺得圓形是吃起來最美味的形狀（笑）。所以蛋糕都做成直徑偏短但有高度，圓滾滾的模樣，擠花餅乾在全擠完前都會集中精神，讓成品呈現圓形。因為也有在百貨公司設櫃，每天的製造量非常大，但全部還是保持手工製作。投注感情製作、傳授別人這樣的作法，還有在溫暖對話間將點心親手賣給客人，對我來說是最重要的事。

_q_:餅乾禮盒也作成和風樣式。右上的薄木盒中鋪著文庫尺寸的和紙，左下則在塞滿糖霜餅乾的罐子中，放入數張以夜空為概念的藍色分裝用紙。　_h,i,j_:在新開東麻布店、淺草店和松屋銀座店時，添購了大台的攪拌器。　_k,l_:直角型的廚房整理得井然有序。一間店有攪拌器2台、營業用烤箱、流理台、橫式冰箱、二口瓦斯爐以及直立式冰箱各1台，另一間有流理台、攪拌器、二口瓦斯爐、長椅、洗碗機、製冰機各1台，以及橫式冰箱2台。

某一日的作息時間

6：00至9：00	進店。（輪班制）
6：30至	製作當天份的生菓子7至8種，馬芬3種，派、塔等4至5種。
12：00	開店。為4種司康、隔日份的1至2種餅乾和1至2種半乾點心，備料及製作。
20：00	打烊。收拾·清掃後，離店。

Data

內場＆門市人員●新田女士＋5至6人
烤箱●營業用電力旋風烤箱·
　　　家庭用瓦斯旋風烤箱
　　　各1台

Maison romi-unie

メゾン ロミ・ユニ

東京都目黒区鷹番3-7-17
☎ 03-6666-5131

a:店舖是白色外牆的兩層樓建築。 *b*:沙布列餅乾和蛋糕,是點餐後由店員現場夾取。 *c*:右邊裡側陳列著沙布列餅乾和蛋糕,左邊裡側是果醬貨架。門市中央的桌上擺放著贈禮組合和完整未切的蛋糕等,較適合當伴手禮的商品。 *d,e*: 也有販售姊妹店「Romi-Unie Confiture」的15種果醬、3種糖漿。 *f,g*:同時供應嚴選的咖啡豆和茶葉。咖啡豆選用鎌倉「Café Vivement Dimanche」和德島「aalto coffee」的品項各2種。茶葉則是大西進先生經銷的「Teteria」以及法國茶專門店「Cha Yuan」的產品,綿羊圖案的茶包是請Cha Yuan為本店獨家打造。 *h*:茶葉等烘焙點心以外的商品,放在窗邊的貨架上。

想吃的東西只需要買想吃的份量
沙布列餅乾散賣與蛋糕秤重販售

學藝大學站徒步3分可達的安靜巷弄內,座落著「Maison romi-unie」店面,是點心研究家いがらし ろみ女士繼果醬專賣店後,於2008年接著開業的烘焙點心店。

1樓是門市和廚房,2樓則為烘焙教室。陳列的烘焙點心包括沙布列餅乾和蛋糕各6種,以及1至2種司康。供應產品種類幾乎可說是簡單明瞭,而這也會使客人對本店產生簡潔明確的印象。烘焙點心有許多種類,但本店主要供應作為いがらし女士根基的法國甜點,因此店內的蛋糕不以來自英語的「ケーキ(ke-ki)」標示,而是法語發音的「ケーク(ke-ku)」,餅乾類也冠上沙布列餅乾這種法語稱呼。蛋糕餅乾各有4種是常年販售的經典產品,剩下2種則依季節而時有變化。烘焙點心之外,也有販售姊妹店「Romi-Unie Confiture」的果醬或糖漿,以及茶點時光不可少的咖啡豆或茶葉等等。

Maison romi-unie保持著一貫風格,從剛開店時沙布列餅乾就是散裝販售,蛋糕則是秤重量賣,因為可以只買想吃的量,有點嘴饞時便可以隨時上門。因為很多人要求「希望有單個包裝的產品」,開店第4年推出後也受到預料以外的好評,單個包裝的商品自此便成為常態供應了。也開始嘗試各種禮品套組,例如每種沙布列餅乾各放1片的禮物袋,或者搭配果醬或咖啡豆的禮盒。いがらし女士笑著表示:「散賣的沙布列餅乾和秤重蛋糕銷路好的日子,我會跟員工私底下說笑『今天我們家是柑仔店呢』,禮品套組賣得好就說『我們今天是禮品店喔』。」

為了享受茶點時光,且將這份快樂作為贈禮,今天也有許多客人推開店裡的門扉呢!

𝒟ata
●●●●●●●●●●●●●●●●●●●●●●●●●●●●●●●●●●●
開業日期◉ 2008年9月
營業型態◉外帶、烘焙教室
店鋪規模◉門市10坪、廚房5坪、烘焙教室15坪
平均來客數◉50至150人
客單價◉1500至1800日圓
營業時間◉11:00至20:00
店休日◉無休

餅乾
Cookie

販售品項保持在6種。固定供應4種，包括抹上檸檬糖霜的「檸檬餅乾」（130日圓／片・以下相同），使用佐渡奶油的「奶油酥餅」（90日圓）、飄散淡淡肉桂香的「麵包師傅沙布列餅乾」（90日圓），還有使用町村農場奶油的「奶油酥餅」（150日圓）。隨季節更換的商品有在咖啡麵糰上灑胡桃的「咖啡胡桃餅」（90日圓），以及可可粉麵糰中混入巧克力的「雙重巧克力餅」（90日圓）等等。以上是含封袋的單個包裝價格，購買散裝會再便宜20日圓。

蛋糕
Cake

司康
Scone

圖中的司康，是使用大量鮮奶油烘烤得濕潤綿密的「招牌司康」（310日圓／個）。另附上小罐果醬，經常還沒到傍晚就被一掃而空。蛋糕則有經典款「招牌磅蛋糕」（4.8日圓／g）、「水果蛋糕」（4.2日圓／g）和「週末蛋糕」（4日圓／g）等等，隨季節變換的是「焦糖香蕉」、加入薑的「薑汁蛋糕」，和放上栗子泥的「栗子蛋糕」，品項總數達6種。

i 禮盒外包裝設計呼應店名的「Maison」（法文中家的意思）。有各式各樣的外形和尺寸供人挑選。前排是放入所有種類沙布列餅乾（6種•9片）的套組「Maison禮盒1」（1060日圓）*j* 熱賣的檸檬餅乾也有罐裝版。*k* 聖誕節限定的花圈蛋糕，設計理念著重在「可愛到會讓收到的人不禁『哇』地叫出聲來」。

メゾン ロミ・ユニ

Maison romi-unie的烘焙甜點

店主◉いがらし ろみ女士

©高木大輔

　　我是在16歲時初次吃到正統的法國甜點。自從在今田美奈子女士的烘焙教室中學到磅蛋糕，被它的美味直擊心坎以來，我就到巴黎留學，在Lecomte和藍帶廚藝學院學習製作，度過了沉浸在法國點心中的10幾年光陰。

　　成為點心研究家後，就以「推廣製作點心的快樂」為主題活動。會開設果醬專門店，也是希望以果醬為出發點，向大家傳達法國點心的美味。開創Maison romi-unie的時候，首先想到的就是打造出能「在家（Maison）裡享用甜點的樂趣」的地方，接著思考要「結合日常生活和法國甜點」，有什麼合適的品項，最終想出的就是沙布列餅乾和磅蛋糕這種法國的樸素烘焙點心。

　　在研發新種類的點心時，腦中的記憶時常成為靈感來源。現在成為招牌商品的檸檬餅乾，是我看到烘焙教室剩下的塔皮麵糰，回想起小時候在百貨公司吃到檸檬餅乾的美味，而迅速試作出來的產物。也會一邊回憶著在國外吃到的東西一邊試作。追求理想風味的同時，還能催生出完全原創的口味，這就是烘焙好玩之處。

　　有時候也會由材料找出創意，招牌商品奶油酥餅便是如此，因為原本使用的奶油缺貨而輾轉知道佐渡奶油，而為了發揮它味道豐富的優點，才想出這種餅乾。這8年間，直接接洽全國生產者取得的奶油有20種以上。製作酥脆易碎的沙布列餅乾時，麵粉會選用法國產品，要有濕潤口感的蛋糕則用國內產品。現在我想探索的是巧克力，每年情人節時分，會擺上許多巧克力作的點心，讓本店在那一天變成巧克力店。

某一日的作息時間

8:00前	製作人員進店。
8:00	製作6至8種沙布列餅乾、2至3種蛋糕。（為2至3種沙布列餅乾備料。）
10:00	門市人員＆包裝人員進店。
11:00	開店。
16:00	製作完畢、清掃整理。
17:00	製作人員＆包裝人員離店。
20:00	打烊。
20:30	門市人員離店。

Data

製作人員◉4人
門市人員◉3至4人
包裝（封袋）人員◉2人
烤箱◉營業用中型瓦斯旋風烤箱3台

Rustica

ルスティカ菓子店

東京都杉並区阿佐ヶ谷北4-21-8
☎ 03-5356-8856

a:由阿佐谷站步行13分鐘,店址就位於松山通即將與日大通交會處。　*b*:店內中央有著木製的櫃台。店長中井女士在櫃台後的廚房製作、備料同時接待客人。　*c*:烘焙點心以骨董置物櫃和鍍錫鐵櫃展示。　*d,e*:古老的玻璃門,購買來源是專門經手老民宅家具,位於神奈川・藤澤的業者。　*f*:薄木片便當盒上,燙著從合羽橋訂作的燕形烙鐵印,是店內的禮品用盒。　*g*:以燕子為主題的商標,是委託認識的剪紙作家「うヴェや」製所製作。　*h*:店內裝飾的紙製藝品也是出自うヴェや之手。

在復古摩登的空間內，想提供的是
無須在意繁文縟節可輕鬆享用的「小點」型烘焙品

　　JR阿佐谷站向北延伸的熱鬧商店街尾，就是「rustica」所在地。打開老式的玻璃拉門，包著燕子花紋頭巾的店長——中井美智子女士就會帶著微笑前來接待。

　　從烘焙學校畢業後，中井女士在法式糕點店、麵包店和老民宅咖啡廳等地工作了18年，而開創本店的時間是2013年11月。中井女士一直以來都覺得麵粉的風味和口感的多樣性相當有魅力，自立開店時決定要成為「充分發揮麵粉美味特性的烘焙點心專賣店」。在住家同區的阿佐谷找到物件，是木造兩層樓的老店鋪，因為中意附近街道寧靜，且空間大小正適合一個人忙進忙出，很快就決定簽約。店鋪的設計是委託在展示會上認識的建築師井田耕市先生，打造出徹底融合老民宅家具和建材，風情獨具的門市，以及麻雀雖小五臟俱全的方便廚房。

　　中井女士表示：「希望作出不只是特殊節日，就算每天吃也不會膩的日常式點心。可以和馬克杯泡的茶搭配享受茶點時光，讓人感受到有點幸福的心情，這樣我們就很高興了。」店名「Rustica」正是取自「傳說中能帶來幸福的鳥——燕子的學名Hirundo rustica」。

　　門市內四處可見以燕子為主的設計主題，陳列的烘焙點心包括使用水果或巧克力的季節性蛋糕，以及塔、馬芬、費南雪，法式酥餅等約20種。因為鍾情一咬下麵粉美味就在嘴中擴散，風味溫和的烘焙點心，住在附近的常客持續變多，週末遠道而來的客人也有增無減。

Data

開業日期●2013年11月
營業型態●外帶
店鋪規模●門市3坪、廚房10坪
平均來客數●平日15至20人、假日35至45人
客單價●平日1000至1300日圓、假日800至1200日圓
營業時間●11：30至19：00
店休日●星期一・二

司康 *Scone*　　 馬芬 *Muffin*

招牌的原味馬芬（190日圓）咬勁酥脆，帶著奶香。另有1款季節性商品，例如春天的「櫻花黑豆司康」（250日圓），冬天則是「鹽巧克力司康」（225日圓）。馬芬則有2種季節商品，如冬天的「巧克力&蘭姆葡萄馬芬」（330日圓），春天是酸味爽口的「草莓紅豆馬芬（含煎茶）」（330日圓）等等。融合和風素材，作出貼近人心又不膩口的味道。

 蛋糕 *Cake*

季節性蛋糕和塔各供應1種。塔有使用當令水果的「草莓覆盆子塔」（370日圓）等類，蛋糕也順應時節，冬天提供「重巧克力蛋糕」（350日圓），這類符合當季主題的品項。塔和蛋糕平常都是各烤1個，週末則各烤2個，通常當天就會賣完。生點心有蛋糕捲、布丁和起司蛋糕（260至390日圓）等3種常備品項。

 餅乾 *Cookie and more*

有以菜籽油代替奶油的「自然餅乾」（225日圓至），不甜的「古岡左拉起司核桃餅乾」（400日圓）、「費南雪」（190日圓）以及「磅蛋糕」（225日圓）等多樣選擇。

ルスティカ
rustica的烘焙甜點
店主◉中井美智子女士

在麵包坊工作時，了解到麵粉有著許多種類，且各自風味和口感都不同，而因此想要作出能突顯麵粉原有味道的點心或麵包。

烘焙點心尤其如此，正是因為簡單樸實，麵粉的用會大大地左右口感和風味。店內的產品除了馬芬、司康、蛋糕、塔以及餅乾，也有費南雪等半乾點心，但想表現的味道與口感，各品項之間有所差異。為了呈現我追求的美味，現在共混合使用5種麵粉。

舉例而言，想作成有香脆感的「自然餅乾」或外皮較脆的「司康」時，就會使用有適度嚼勁的北海道產低筋麵粉「ファリーヌ」（江別製粉）。為了讓人感受到小麥粉的美味，司康會配合使用北美產小麥製的高筋麵粉「レジャンデール」（日清製粉）或北海道產的「全麥粉（高筋）」（江別製粉），自然餅乾也會混入全麥粉。而咬起來要綿密濕潤的馬芬、磅蛋糕或瑪德蓮，會選用北海道產低筋麵粉「シリウス」（日本製粉）。費南雪或法式酥餅這種古典的法國甜點，用的是法國產小麥作成的「エクリチュール」（日清製粉）。

「融合和風食材」可以稱作我家烘焙點心的特徵。黑糖、和三盆糖、紅豆或煎茶等和風食材，以前在老民宅咖啡廳工作時經常使用。我本身喜歡和風口味，思考新產品時自然就會想出採用和風食材的食譜。但再怎麼說我們還是西洋點心店，在以白豆沙取代杏仁膏製作磅蛋糕時，會再強調乾杏桃的酸味和君度橙酒的香氣，必定要展現出西洋點心的風格。

某一日的製作流程時間

7:00 進店。
製作當天份的馬芬和司康
各2種，以及布丁。

10:30 清掃、陳列。

11:30 開店。

13:00 接待客人同時製作隔日份的
起司蛋糕和蛋糕捲麵糰
（有時間再作幾種半乾點心），
包裝。

19:00 打烊。
製作隔日份的半乾點心和
餅乾各數種，包裝。
收拾‧清掃 。

23:00 離店。

i :平常就會使用黑糖、和三盆糖、白豆沙和紅豆泥等，以往在老民宅咖啡廳工作時代便很熟悉的和風素材。　*j* :混合搭配使用北海道產低筋麵粉、全麥粉和法國產低筋麵粉等5種粉類。　*k* :要一個人兼顧製作和接待客人，洗碗機、桌上型攪拌器和食物調理機等器材不可少。　*l* :1樓廚房有電力烤箱以及作業台等主要機器設備。　*m* :2樓配有備用的瓦斯烤箱等器材。

Data

內場＆門市人員◉中井女士1人
烤箱の台数◉家庭用電力旋風烤箱
營業用瓦斯旋風烤箱
各1台

Gift box & Wrapping Collection

禮盒&包裝

也有不少客戶希望購買保存期較長的烘焙點心,當作禮品或者伴手禮。
口味自然不在話下,禮盒和外包裝的可愛度,對烘焙坊來說也是重要關鍵。
請看看店家所展現品味及巧思。

Resources
菓子工房ルスルス

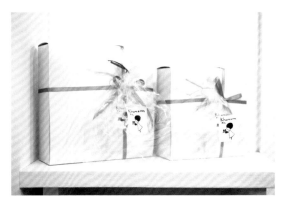

Khanam
カナム

小禮物袋是在透明塑膠袋上,貼著印上店鋪商標和招牌圖樣的貼紙,封口以紙束帶簡單綁住。禮盒不使用包裝紙,只綁上作為主題色的藍色緞帶,纖細緞帶與雪白外盒相映成趣。

禮盒以原創的包裝紙裹起,結上同顏色緞帶,質感甚佳,用來贈禮再適合不過。紙袋的紋樣與包裝紙相同,店名以藍色小字印刷,點綴出高雅感。

Unicorn Bakery
ユニコーンベーカリー

牛皮紙袋和禮盒,都以手工蓋上店名與獨角獸圖樣的印章。為包材加蓋印章,是店主島澤女士的父親——高旨先生的工作。再搭配色彩繽紛的緞帶,包裝得可愛無比,客人可以從櫃台展示架中選擇喜歡的蝴蝶結。

rustica
ルスティカ菓子店

薄木盒上燙著燕子商標的烙印,就成了當店專用的禮盒。烙鐵是在合羽橋特別定製,相當符合店家既崇尚自然,又融合日本和西洋雙方的風格。

Pompon Cakes Blvd.
ポンポンケークス ブールヴァード

水玉花紋的包裝紙上，貼著印刷店名的貼紙（圖上）。仔細看包裝紙，會發現其中各處隱藏著店名的字母「p」・「o」・「m」・「n」（圖左中）。貼紙與包裝紙都是由店主立道嶺央先生設計。撕開包裝紙，即可見到紙盒上押印的「enjoy!」字樣（圖左下），紙袋上也不時會有工作人員親筆畫的圖案（圖右下）。

Cafe Banda
カフェバンダ

可在網路商店上與點心一起訂購的配套包裝。前列是捲上包裝紙的牛皮紙盒，水藍色的線描畫相當美麗，用以貼合手提紙袋袋口的貼紙，也是以相同概念設計而成。是因應不想透過物流配送，而是親手送出禮物的客戶需求而生。

Maison romi-unie
メゾン ロミ・ユニ

整條蛋糕以包裝紙裹住，再綁上細繩，陳列在架上，這樣的外觀用來當作禮品已不失體面。禮盒呼應店名，作成和家一樣的房屋外形，與蛋糕同樣以紙繩綁起完成包裝。

Wrapping techniques

包裝技巧

以樸素烘焙點心打響名氣的店家，包裝風格偏向簡單不多加裝飾，但又帶著設計感。
在此為您簡短介紹這樣的包裝概念。

Wrapping idea for cookies
餅乾的包裝
（メゾン ロミ・ユニ いがらし ろみ）

散裝販售的餅乾，數個一起放進紙袋中包裝。袋子正反面都繪有圖案，摺疊後就變成「家（Maison）」的外形！簡潔有力的巧思一下子擄獲顧客的心。

1 將餅乾放入袋中。

2 正面有著這樣的圖案。

3 反面則是沙布列餅乾的插畫。

4 折疊一次袋口。

5 折疊兩角使上方呈現三角形。

6 貼上紙膠帶固定折疊角。

7 翻回正面就成為家的外形。若在步驟4之後，將袋口往下再多折1至2次，就會變成四角形的房子。

Wrapping idea for cakes
蛋糕的包裝
（サンデーベイクショップ 嶋崎かづこ）

蛋糕放入有透明窗格的紙袋，簡單個包裝。為避免奶油滲入袋子，以烘焙紙包好蛋糕後再放入。由透明窗格窺看到的蛋糕側面相當可愛。

1 蛋糕放上烘焙紙，最好順著對角線放。

2 拉起烘焙紙的兩角。

3 以烘焙紙包覆蛋糕側邊，多出來的尖角部分折起。

4 折起的尖角要緊緊貼合蛋糕側邊。

5 以夾子放進有透明窗格的紙袋。

6 袋口折疊數次，邊緣捏緊封好。

Muffin & Scone !

Kuromitsu & banana muffins

黑糖蜜香蕉馬芬

散發香蕉甜美氣味的濕潤鬆軟馬芬。
塊狀混入的黑糖，在烘焙時融化成為黑糖蜜。

ルスティカ菓子店◎中井美智子

材料（4.5x5x高7cm的紙製馬芬模4個份）

奶油……50g
黃蔗糖……40g
全蛋……60g
A ┌ 低筋麵粉（シリウス／日本製粉）……113g
  └ 泡打粉……4g
牛奶……50g
香蕉……65g
黑糖（塊狀）……13g
黑糖（粉末）……適量
香蕉（切圓片）……4片

1 奶油放入調理盆，以攪拌器攪拌至髮蠟狀。加進黃蔗糖，以約40℃隔水加熱，同時以攪拌器拌勻，至滑順有光澤的狀態。★1

2 打散全蛋，以約40℃隔水加熱至約30℃。分4次加進步驟1的調理盆，每次加入都要攪拌至均勻為止。★2

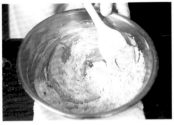

3 混合A料過篩，在步驟2的材料中加入1/3的A料，並以橡皮刮刀仔細攪拌結合，再將剩下的粉加入，粗略攪拌至仍有些許粉感即可。★3

4 加進一半的牛奶，以橡皮刮刀攪拌4至5次。

5 加入以叉子大致壓碎的香蕉以及剩餘的牛奶，以橡皮刮刀攪拌至滑順有光澤的狀態。

6 黑糖塊切成5mm丁狀加入，並以橡皮刮刀攪拌5至6次，直到黑糖平均混入麵糊即可。

7 麵糊填入沒裝上花嘴的擠花袋，擠入紙製馬芬模1/3高度的量（1個約90g）。

8 將黑糖粉灑在表面，放上切成圓片的香蕉。將紙模排入烤盤，以預熱至165℃的烤箱烘烤25分鐘即完成。

Point

★1,2 材料的溫度：材料溫度下降後容易分離。在室溫低的時候，調理盆或打蛋器等用具，建議以烤箱加熱至人體溫度再使用。

★3 粉類加入方式：一次加入所有粉類攪拌，會讓口感偏乾硬，因此先加1/3量攪拌讓麵糊確實結合。剩餘粉類加入後，為了避免過度出筋，大致攪拌即可。

Cheesecake spice muffins

起司蛋糕・香料馬芬

在飄散香料味的馬芬麵糰中，加進濃厚的起司麵糊烘烤製成。
香脆的酥皮是美味的關鍵所在。

エイミーズ・ベイクショップ◎吉野陽美

材料（直徑7cm・高4cm的馬芬模10個份）

◎起司麵糊
奶油起司……220g
細砂糖……50g
全蛋（M尺寸）……1顆
酸奶油……15g
鮮奶油（乳脂肪分41%）……20g

◎馬芬麵糊
奶油……85g
沙拉油……30g
鮮奶油（乳脂肪分41%）……70g
無糖優格……20g
全蛋（M尺寸）……2顆
細砂糖……160g

A ┌ 中高筋麵粉……220g
　├ 泡打粉……2小匙
　└ 鹽……1小撮

◎酥皮
杏仁粉……25g
黑糖（brown sugar）……60g
奶油……15g
肉桂粉……1大匙

◎奶酥
細砂糖……120g
中高筋麵粉……80g
奶油……60g
香料粉……6g

●起司麵糊
1　調理盆中放入奶油起司和細砂糖，以手持式電動攪拌器低速攪拌均勻。
2　加進全蛋，低速攪拌均勻。
3　加入酸奶油和鮮奶油，以低速攪拌。填進裝上口徑2cm花嘴的擠花袋，放入冰箱冷藏備用。

●馬芬麵糊
1　調理盆中放入奶油和沙拉油，以手持式電動攪拌器高速大致攪拌。
2　將鮮奶油和無糖優格，分兩次加入步驟1的調理盆裡，每次加入都要攪拌至質地滑順。
3　另取一調理盆內加入全蛋和細砂糖，以手持式電動攪拌器高速攪拌至出現光澤。
4　將步驟3的材料加進步驟2的調理盆，以手持式電動攪拌器低速攪拌至麵糰出現光澤且膨脹。
5　混合A料後過篩加進步驟4的調理盆，以橡皮刮刀舀起攪拌。粉感消失後，以手持式電動攪拌器低速攪拌約30秒至出現光澤。

●酥皮／奶酥
1　將這兩項的材料各自混合，以手揉捏，將粉類和奶油揉合成大塊的鬆粉狀。兩項成品均放進冰箱冷凍約30分備用。

●組合完成
1　在馬芬麵糊中加入酥皮麵糊，以橡皮刮刀舀起攪拌，粗略混合成大理石狀。
2　烤模裡鋪上紙模，以冰淇淋挖杓均等將步驟1的麵糊挖進模中。將填入起司麵糊的擠花袋，花嘴插進馬芬麵糊，擠到麵糊高度上升至烤模邊緣為止。
3　灑上小粒的奶酥，以預熱至180℃的烤箱烘烤30分鐘，完全冷卻後即可脫模。

Strawberry rice flour muffins

米粉草莓馬芬 <small>（作法→P.110）</small>

手工草莓果醬散發新鮮香氣。
以米粉製成的綿潤馬芬。

カナム◎石橋 理

Banana & cocoa mass muffins

香蕉可可塊馬芬 （作法→P.110）

濕潤麵糰中混入大片的香蕉和豆腐渣，
拌進偏苦的可可塊，即是風味濃郁的養生馬芬。

カフェバンダ◎関 牧子

Fig & spice muffins

無花果香料馬芬 （作法→P.111）

富咀嚼口感的麵糰，加入滿滿無花果和核桃。
清新的香料氣味讓人戀戀不忘。

ユニコーンベーカリー◎島澤安從里

Earl grey soy milk scones

豆漿伯爵茶司康 （作法→P.111）

為呈現香脆&扎實口感，混用了四種麵粉。
菜籽油與豆漿共譜出柔和滋味。

カフェバンダ◎関 牧子

Strawberry rice muffins

米粉草莓馬芬 （成品圖→P.106）

カナム◎石橋 理

材料（直徑6.4cm・高3.8cm的馬芬模6個份）

A
```
米粉（こだわりの米粉／ ケイホットライス）……150g
洗雙糖*……28g
泡打粉……1小匙.5
鹽……1小撮
```
B
```
菜籽油……50cc
草莓果醬（作法如右記）……120g
```
豆漿（成分無調整）……適量

＊ 甘蔗榨汁後結晶化的砂糖。特色是甜味醇厚。

●草莓果醬（容易製作的份量）

1 草莓（500g）去蒂，直切成4片。
2 鍋中放進步驟1的草莓和洗雙糖（200g），以中火加熱。沸騰冒泡後轉小火，一邊攪拌煮約15分鐘，若出現浮沫就逐一撈除。
3 煮至軟化即關火，裝進煮沸消毒過的密封容器裡冷藏保存。

1 將A料過篩放入調理盆，以橡皮刮刀拌勻。
2 混合B料，加進豆漿至總量320cc，以小型打蛋器攪拌使之乳化。★1
3 將步驟2的材料繞著圈倒入步驟1的調理盆，以橡皮刮刀仔細攪拌，直到結塊消失，質地變得滑順。★2
4 倒入薄塗上菜籽油（份量外）的烤模，以預熱至170℃的烤箱烘烤20分鐘。出爐放涼後再脫模便可完成。

Point
★1　豆漿份量：果醬依情況而定含水量會不同，為了使液體量保持固定，最後加入豆漿來作調整。
★2　米粉混合方式：米粉如有結塊，烘烤完後會保持粉末狀態。米粉不含麩質，因此過不需擔心因過度攪拌使麵糊變硬，請確實攪拌至質地滑順為止。

Banana & cocoa mass muffins

香蕉可可塊馬芬 （成品圖→P.107）

カフェバンダ◎関 牧子

材料（直徑7cm・高4cm的馬芬模6個份）

A
```
豆漿（成分無調整）……120g
菜籽油……70g
甜菜糖……70g
米飴*……1大匙
泡打粉……50g
```
豆腐渣（生）……50g
香蕉（大）……1根
B
```
低筋麵粉（ドルチェ／江別製粉）……230g
全麥粉（きたほなみ／富澤商店）……30g
自然鹽……1g
泡打粉……10g
肉桂粉……少量
```
可可塊……35g
長山核桃……適量

＊ 麥芽糖的一種，如變硬請隔水加熱軟化。

1 混合A料，以打蛋器攪拌使之乳化。加進豆腐渣，大致攪拌。
2 香蕉剝皮切成適當大小加入，以打蛋器一邊壓成粗粒一邊攪拌。
3 混合B料過篩加入步驟2的調理盆。若全麥粉殘留在篩子上，也請一併加進麵糰，以打蛋器粗略攪拌至粉感即將完全消失。
4 將隔水加熱融化的可可塊加進步驟3的調理盆，以橡皮刮刀攪拌在一起，麵糊和可可形成大理石花紋即可。
5 將步驟4的材料倒入薄塗上菜籽油（份量外）的烤模，灑上長山核桃。以預熱至180℃的烤箱烘烤約25分鐘，出爐放涼後再脫模就完成了。

Fig spice muffins
無花果香料馬芬 （成品圖→P.108）

ユニコーンベーカリー◎島澤安從里

材料（底部直徑5cm・高3cm的馬芬模12個份）

白脫牛奶
- 牛奶……220cc
- 檸檬汁……2大匙

上白糖……135g

A
- 低筋麵粉（DMS／柄木田製粉）……325g
- 鹽……1/2小匙
- 小蘇打粉……1小匙
- 肉桂粉……2小匙
- 丁香粉……1/2小匙

B
- 融化奶油*……70g
- 全蛋（L尺寸）……1顆
- 菜籽油……60cc
- 香草精……1小匙

核桃……50g＋適量
無花果乾……100g＋適量

糖霜
- 糖粉……50g
- 牛奶……約少於1大匙

＊ 融化含鹽奶油，於室溫放涼。

1 將白脫牛奶的材料放入調理盆大略攪拌，置於室溫2至3小時，直到呈優格狀即可。★1
2 另取一調理盆中放入上白糖，將A料過篩加入並以打蛋器攪拌。
3 將步驟1的材料與B料放入攪拌盆，以裝桌上型攪拌器攪拌。攪拌過後，加入步驟2的材料，並以橡皮刮刀攪拌至殘留些許末感的程度。★2
4 將切成大塊的核桃（50g）和無花果乾（100g）加入3，以橡皮刮刀粗略攪拌。
5 烤模裡放入紙盒，以冰淇淋挖杓將步驟4的麵糊挖入，高度至烤模的2/3。
6 以預熱至180℃的烤箱烘烤約18分鐘。以竹籤刺入麵糊不會沾黏後即可取出，連烤模一起放在網架上冷卻。待溫度不燙手且麵糰不會沾黏在烤模上時，即可脫模放在網架上冷卻。
7 製作糖霜。調理盆中放入糖粉，一邊注意硬度一邊加入牛奶，以打蛋器攪拌至柔滑黏稠的狀態。牛奶的份量可依喜好調整。
8 以打蛋器舀起步驟7的糖霜放上步驟6的馬芬，趁糖霜未乾時撒上切成大塊的核桃和無花果（各適量），便完成了。

Point
★1 白脫牛奶：必須凝固成優格狀後再使用。
★2 粉類混合須知：為避免口感過於堅硬，請勿過度攪拌。

Earl grey soy milk scones
豆漿伯爵茶司康 （成品圖→P.109）

カフェバンダ◎関 牧子

材料（6個份）

A
- 低筋麵粉（ドルチェ／江別製粉）……100g
- 高筋麵粉（春よ恋／富澤商店）……100g
- 全麥粉（きたほなみ／富澤商店）……40g
- 葛粉……20g
- 甜菜糖……40g
- 泡打粉……10g
- 伯爵茶葉（碎葉）……4g
- 自然鹽……1g

菜籽油……70g
豆漿（成分無調整）……75g

1 混合A料，以打蛋器均勻攪拌。★1
2 加入菜籽油，以切板切拌。拌至鬆粉狀後，加入豆漿繼續切拌。★2
3 麵糰成型後放置在桌上，以擀麵棍桿成約3cm厚，再以直徑5cm的壓模壓出外形。剩餘的麵糰揉在一起，同樣以壓模壓形。★3
4 壓好的麵糰排上舖烘焙紙的烤盤，以預熱至190℃的烤箱烘烤25分鐘即完成。

Point
★1 粉類：為了營造外皮酥脆，內裡濕潤的口感，要避免混入過多空氣。重點在於麵粉類不要過篩。
★2 混合方式：為避免釋出麩質，麵糰不要過度攪拌。以切板切拌，一邊按壓一邊在調理盆中揉成糰。
★3 成形：加入豆漿後麵糰會膨脹，因此攪拌完後須盡快塑形，進烤箱烘烤。

Scones Maison

招牌司康 <small>（作法→P.114）</small>

表面酥脆而內部濕軟。
蓬鬆綿密的溫和口感，正適合搭配果醬。

メゾン ロミ・ユニ◎いがらし ろみ

Maple scones

楓糖司康 （作法→P.115）

咬起來發出嘎哩嘎哩、喀滋喀滋聲，富有嚼勁的司康。
楓糖漿糖霜展現有深度的風味。

ポンポンケークス ブールヴァード◎立道嶺央

Scones Maison

招牌司康 （成品圖→P.112）

メゾン ロミ・ユニ◎いがらし ろみ

材料（4至6個份）

A
┌ 低筋麵粉（グーデリエール／日本製粉）……200g
│ 奶油＊……50g
└ 泡打粉……10g

B
┌ 鮮奶油（乳脂肪分32%）……70g
│ 牛奶……50g
│ 細砂糖……45g
└ 鹽……1小撮

全蛋液……適量

＊切成1cm丁狀後再冷卻。

1　將A料放入食物調理機，攪拌至奶油顆粒消失，呈現乾粉狀。

2　將B料放入調理盆，以打蛋器攪拌至細砂糖溶化。

3　將步驟1的材料移入大調理盆，加進步驟2的材料並以切板切拌。攪拌成糰後放在桌上，以手將麵糰一點點由身體方向往外，如要壓平在桌面上般用力揉開。全部揉捏過後將麵糰整理成一團，以同樣的方式再壓揉2次。★1

4　加上手粉（份量外），以手掌壓成2cm厚，包上保鮮膜冷藏3小時至1日。

5　以菜刀將步驟4的麵糰切成4至6等份，放上鋪烘焙紙的烤盤，以刷子在表面刷上全蛋液。放入預熱至220℃的烤箱烘烤7分鐘，再以200℃繼續烘烤7分鐘即完成。★2

Point

★1　揉捏方式：為了營造濕潤口感，配方水量較多，如只單純攪拌會過於黏稠，在桌上揉捏後，可使水分平均散布，麵糰就不會過黏。以作做麵包的方式揉捏麵糰會變硬，無法形成外面酥脆、裡頭濕潤的口感。

★2　成形：如想讓形狀更漂亮，可將整塊麵糰先切成四方形再分切成小塊。

Maple scones

楓糖司康 （成品圖→P.113）

ポンポンケークス ブールヴァード◎立道嶺央

材料（9個份）

A
┌ 奶油……100g
│ 低筋麵粉（ドルチェ／江別製粉）……300g
│ 低筋麵粉（エクリチュール／日清製粉）……200g
│ 全麥粉……40g
│ 楓糖粉……20g
│ 素精糖*1……30g
│ 鹽……6g
└ 泡打粉……5g

B
┌ 全蛋……60g（約L尺寸1顆）
│ 牛奶……100g
└ 鮮奶油（乳脂肪35%）……50g

糖霜
┌ 楓糖漿*2……30g
└ 糖粉……20g

*1 100%使用沖繩縣產甘蔗，是能確實品嚐到紅甘蔗豐富鮮甜滋味的砂糖。（生活クラブ生協販售，<株>青い海製造）。

*2 使用可實在感受楓糖風味的「Canada No.2 Amber」（GAGNON）。

1 將A料的奶油切成約1cm丁狀，與其他A料一起裝入夾鏈袋冷藏。奶油變硬後取出，放置在常溫下直至按壓奶油時可感覺到彈力。

2 放入食物調理機，攪拌至奶油留有些許大顆粒。

3 移至調理盆，並壓成中央凹陷狀，加進攪拌均勻的B料，並以切板切拌。★1

4 待粉感消失成糰後，以桿麵棍桿成2至3cm厚，然後對折。重覆一次以上動作後，桿成3.5cm厚。

5 以直徑6.5cm的花模壓形，放上鋪烘焙紙的烤盤，以預熱至195℃的烤箱烘烤18至20分鐘，出爐放涼。

6 混合糖霜的材料，待步驟5的司康溫度不燙手後以刷子塗上。以預熱至200至210℃的烤箱烤約30秒便可完成。

Point

★1 麵糰的水分：因為配方的水分很少，如果無法順利揉成糰，請一邊觀察麵糰的狀態，一邊加入少量牛奶和鮮奶油調整。

「希望作出像地層那樣，緊密扎實形成好幾層的司康，因此在麵粉配方下了功夫」的食譜。為呈現喀哩喀哩、酥酥脆脆的口感，水分含量盡可能壓到最低。

Pickled cherry blossoms & black soy beans scones

櫻花黑豆司康 （作法→P.118）

加入鹽漬櫻花和黑豆甘納豆，
帶著清爽甜鹹味的春季司康。

ルスティカ菓子店◎中井美智子

Sake kasu scones

酒粕司康 （作法→P.118）

酒粕散發焦香，是令人聯想到起司的深度香氣。
加入菜籽油和豆漿的清爽麵糰，讓酒粕的風味越發突出。

カナム◎石橋 理

Pickled cherry blossoms & black soy beans socones

櫻花黑豆司康 （成品圖→P.116）

ルスティカ菓子店◎中井美智子

材料（6個份）

A
┌ 低筋麵粉（ファリーヌ／江別製粉）……100g
│ 高筋麵粉（レジャンデール／日清製粉）……25g
│ 全麥粉……25g
└ 泡打粉……3g
發酵奶油……30g

B
┌ 鮮奶油（乳脂肪分35%）……65g
│ 全蛋……30g
│ 黃蔗糖……12g
└ 鹽……0.4g
鹽漬櫻花……10g＋6個
黑豆甘納豆*……40g

＊ 事先冷凍就不易碎裂，作成糖霜也不會讓麵糰變黑。

1 混合A料並過篩，發酵奶油切成1cm丁狀，兩者一起拌勻後放進冰箱冷藏。★1
2 混合B料以打蛋器攪拌，放入冰箱冷藏。★2
3 鹽漬櫻花泡水約10分鐘去除鹽份，放在烘焙紙上晾乾。取6朵備用，剩下的切除粗莖後切成大塊。
4 將步驟1的材料放入食物調理機，攪拌約30秒至奶油顆粒消失。移入塑膠袋，冷凍1小時。
5 將步驟3切塊的鹽漬櫻花加進步驟2的材料攪拌。放進攪拌盆後加入步驟4的材料，以電動攪拌機低速攪拌成糰。加進黑豆甘納豆攪拌幾秒，使黑豆均勻分布即可。
6 將麵糰放到桌上，以掌底按壓的方式揉麵，以擀麵棍桿成8x12、厚度2.5cm的尺寸，包上保鮮膜，冷藏1小時。★3
7 烘焙前10分鐘取出，切成6等份。將步驟3備用的鹽漬櫻花各放上1朵，以手指按壓固定。排上鋪烘焙紙的烤盤，以預熱至200℃的烤箱烘烤15分鐘即完成。

Point
★1,2 材料：奶油融化就無法烤出爽脆的口感，粉類、奶油和液體類請都冷卻過再使用。
★3 麵糰揉捏方式：單純攪拌無法讓麵糰順利發起，也烤不出漂亮的裂痕，因此請用手揉捏到有一些彈力的程度。

Sake kasu scones

酒粕司康 （成品圖→P.117）

カナム◎石橋 理

材料（8個份）

A
┌ 低筋麵粉（ドルチェ／江別製粉）……270g
│ 泡打粉……2小匙
│ 鹽……1/2小匙
└ 洗雙糖*1……25g
酒粕*2……60g

B
┌ 菜籽油……65g
└ 豆漿（成分無調整）……125g

＊1 甘蔗榨汁後結晶化的砂糖。特色是甜味醇厚。
＊2 雖然容易沾黏，但事先冷凍就很方便使用。板狀或是碎粒狀都可以，各家製造商的味道有很大差別，依喜好選用即可。カナム店內是使用「純米蔵出し酒粕」（橘倉酒造）。

1 過篩A料加入調理盆，以橡皮刮刀攪拌。將酒粕切成5mm丁狀，加入攪拌。
2 混合B料，以小型打蛋器攪拌至乳化。
3 將步驟2的材料繞圈倒入步驟1的調理盆，以橡皮刮刀攪拌至粉感消失。成糰後取出放到桌上，揉捏約20次直到出現彈性。★1
4 以擀麵棍桿成直徑20cm、厚1.5cm的圓形，切成8等份。排上鋪烘焙紙的烤盤，以預熱至180℃的烤箱烘烤20分鐘即可完成。★2

Point
★1 揉捏方式：依揉麵包的要領，以手掌壓開麵糰一般揉捏。
★2 火候：烤到酒粕變成紅褐色時最香又美味。

Collection of signbords

招牌合輯

Unicorn Bakery
ユニコーンベーカリー

Amy's Bakeshop
エイミーズ・ベイクショップ

Chirimulo
チリムーロ

Cafe Banda
カフェバンダ

Pompon Cakes Blvd.
ポンポンケークス ブールヴァード

Maison romi-unie
メゾン ロミ・ユニ

Sunday Bake Shop
サンデーベイクショップ

Ressources
菓子工房ルスルス

Khanam
カナム

Rustica
ルスティカ菓子店

Khanam

カナム

東京都杉並区松庵3-38-20
☎ 03-5930-1837

不使用蛋與乳製品的點心大受好評
簡單&自然的烘焙點心專賣店

　　由東京・西荻窪商店街裡，轉進小巷的一隅就能找到
「Khanam」的蹤跡。店主是石橋理先生與加奈女士兩夫妻，
秉持著「想開一間無論是否過敏體質的人，都能一起享用點心
的店」的理念，在2010年7月開設了Khanam。走進3個客人就
顯得擁擠的小小販賣區，擺放著只以植物性食材製作的馬芬、
司康、蛋糕或餅乾等等，不論年紀長幼，各式各樣的客群皆絡
繹不絕地上門光顧。

　　加奈女士自幼就非常喜歡製作點心，而選擇製作不含雞蛋
和乳製品點心的契機，是在學生時期曾經因身體狀況不好，引
發嚴重過敏症狀。出社會後，於就職的咖啡廳和同為過敏體質
的理先生相遇，而就在手製點心給對方試吃的期間，兩人共築
起夢想，要開一家「對身體溫和的咖啡廳」。結婚後開始尋找
開業物件，兩人手上資金為500萬日圓，想在預算內開設咖啡
廳有困難，因此決定先從外帶店形式開始。爾後在車站附近尋
覓小巧房屋時，發現了巷弄內這一間占地5.5坪，原本是倉庫
的物件。

　　店內改裝後，流露出溫情的氣氛，正與兩人作出的烘焙點
心風格相似。商品種類每天都有15至20種，採用古法榨取的
菜籽油等等，店內以嚴選植物性食材作出來的點心，滋味豐富
令人上癮，深受喜歡自然健康食品的客人支持，在一般單純喜
愛烘焙點心的客群間也大受好評。開店以來，兩人就忙得分身
乏術，儘管如此終於還是在2014年7月，同樣於西荻窪地區開
設了夢寐以求的咖啡廳「trim（トリム）」。咖啡廳開業後，
理先生就負責Khanam的營運，而由加奈女士主要打點trim的事
務，繼續製作任誰都能大快朵頤的點心。

Data

開業日期● 2010年7月
營業型態● 外帶
店鋪規模● 門市2坪、廚房3坪
客單價● 1000日圓
平均來客數● 50人
營業時間● 12：00至19：00（週六・日至18：00）
店休日● 星期一

a:2014年7月,在西荻窪站徒步約7分的大慶1樓,姊妹店咖啡廳「trim」正式開業。 *b*:店內以白色和木質色為基調,唯獨門市右手邊的牆壁漆成主題的藍色,突顯出空間感。 *c*:需要事前預約的大蛋糕清單,搭配上手工相片向客人展示。一般是切片販售的「香蕉白薯蛋糕」和「重巧克力蛋糕」也可以整個訂購。 *d*:內裝工程委託附近的包商處理。以在老器材行買到的展示櫃陳列烘焙點心。 *e*:巷子入口擺著看板指引方向,繪師にのみやいずみ女士筆下的小女孩是吸睛焦點。 *f*:入口的拉門由理先生所設計,為了清楚看見店內而將玻璃窗作得很大。

餅乾
Cookie

加入杏仁粉而獨具風味的「奶油酥餅」（260至280日圓）有原味、抹茶和楓糖3種，脆硬芳香的「義式脆餅」（280日圓）有香料茶（260日圓）以及杏仁楓糖（280日圓）兩種口味。每天會烤出2至3種，各約200片。奶油酥餅4片包裝販售，義式脆餅則是3片。

蛋糕
Cake

品項包括只使用米粉，打造出糯軟口感的「米粉無花果蛋糕」（310日圓）、單以小麥粉作出的「黑糖核桃薑糖蛋糕」（380日圓），以及小麥粉加杏仁粉作出的「香蕉肉桂蛋糕」（360日圓）等等，配合主要素材改變麵粉配方，投注心力鑽研口感。口味依季節變動，通常提供5至6種。

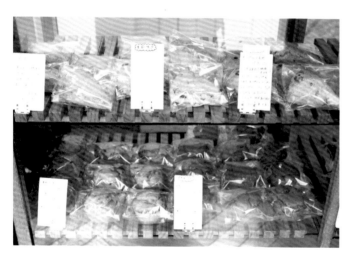

司康　　　　　馬芬
Scone　　*Muffin*

口感爽脆的司康，店內備有招牌口味「杏仁司康」（260日圓），和季節限定的「酒粕司康」（280日圓）等2至3種。馬芬僅使用米粉，呈現濕潤口感。品項包括加入玄米甜酒的招牌「米粉甜酒馬芬」（340日圓），外加季節限定口味2至3種。

カナム

Khanam的烘焙甜點

店主●石橋 理さん

妻子之所以想要鑽研不使用雞蛋和乳製品的點心，起因在於「希望作出像自己一樣會過敏的人也可以吃的點心」。我自己雖然毫無烘焙的經驗，但決定開業以後就請妻子教導我。現在Khanam的點心是由我和兩名店員一起製作。

我們追求的是「任誰都可以享用的美味點心」，想作出無論是過敏的孩童、素食者或單純喜歡烘焙點心的客人都能夠一起食用，且會覺得美味的甜點，因此甜度和油量都比普通的蛋糕少一些，掌控在能確實感受到甜味和層次感的程度。同時由於不使用奶油，較能直接品嚐到食材的味道，選擇材料時便盡量使用品質優良又美味的產品。例如以壓榨法（不使用化學物質，只以壓力榨油的製法）榨出的「菜籽沙拉油」（米澤製油）、100%北海道產小麥的低筋麵粉「ドルチェ」（江別製粉）、青森縣產的米粉，以及有機水果乾等讓人安心的食材。

2015年春季起，我們開始使用米粉製作不含麩質的點心，這是為了配合客戶「希望能作不用小麥粉的點心」的要求。米粉比小麥粉更不吸油，不容易膨脹，因此剛開始耗費了一番苦心，但在調整菜籽油和泡打粉的份量，並仔細攪拌麵糊後，終於能作出發得漂亮、口感又濕潤的米粉馬芬。

今後的目標則是增加使用米粉的點心品項，還有作出只使用植物性食材也可以很美味的裝飾蛋糕。雖然有難度，但目前正由聖誕蛋糕起步，不斷摸索中。

q:未添加鋁的泡打粉、種子島產甘蔗製作的洗雙糖、有機大豆製成的成份無調整豆漿，以古老壓榨法製成的菜籽油等等，嚴格挑選令人安心的食材。　*h*：分隔門市和廚房的玻璃門上方收納著麵粉，有效活用小廚房內有限的空間。　*i*:製作點心的工具幾乎只有調理盆和矽膠刮刀這兩種。　*j*:約3坪大的廚房內，放著大小兩台瓦斯烤箱和家用冷凍櫃。

某一日的製作流程時間

7：30　進店。
　　　製作當天份的馬芬和司康各3種、
　　　蛋糕5至6種，包裝。

12：00　開店。
　　　接待客人，同時製作隔日份的
　　　2至3種餅乾，包裝。
　　　隨時收拾・清掃 。

19：00　打烊。

19：30　離店。

Data

內場＆門市人員●石橋先生＋1人
烤箱●營業用中型・小型瓦斯旋風烤箱各1台

Cafe Banda

カフェバンダ

http://www.rakuten.co.jp/cafebanda/

Vegan Muffins　All￥400-

Vegan Muffin ￥400

a, f：為Cafe Banda製作烘焙點心的餐廳「udo」店內，有著自然風格的溫暖裝潢，提供三菜一湯的定食午晚餐。　*b*：udo店內也有販售馬芬和司康。　*c, g*：寄賣店家之一的代官山咖啡廳Bird，將商品放在收銀機旁販賣。　*d, h*：澀谷‧道玄坂上的咖啡站ABOUT LIFE COFFEE BREWERS的店面，展示櫃中放著Cafe Banda的馬芬，也有常客固定會在馬芬進貨的日子上門。　*e, i*：為於外苑前的RATIO &C也將馬芬和司康陳列在收銀機旁。當地喜好自然飲食的客人很多，常有一進貨就賣光的情形。

工房

udo

東京都渋谷区東1-14-12
常磐松マンション1F
☎ 03-3486-1701　週日公休

經營Cafe Banda的關女士在2015年6月，於澀谷・並木橋開設的自然飲食店。Cafe Banda的烘焙點心就是在這家店的廚房以空檔時間製作。

Bird　バード　寄售

東京都渋谷区代官山町9-10 2F
☎ 03-6416-5856　週三公休

以三明治和書本為主題的咖啡廳。是東京・松陰神社前咖啡館「STUDY」的2號店。店內擺放的書本，都是從松陰神社前的古書店「nostos books」挑選而來，可在店內閱讀或者購買。

ABOUT LIFE COFFEE BREWERS　寄售
アバウトライフコーヒーブリュワーズ

東京都渋谷区道玄坂1-19-8
☎ 03-6809-0751　無休

東京・深澤的烘焙咖啡店「ONIBUS COFFEE」2號店。店內提供站著喝的冰滴咖啡，以及「AMAMERIA ESPRESSO」（同・武藏小山）與「Switch Coffee Tokyo」（同・目黑）的咖啡豆。

RATIO &C　レシオ・アンドシー　寄售

東京都渋谷区神宮前3-1-26
☎ 03-6438-1971　週三公休

腳踏車商「BRIDGESTONE」展示中心裡的咖啡廳。由「ONIBUS COFFEE」負責營運，常備3至4種特調咖啡供顧客享用。

Data

開業日期◉2010年12月
營業型態◉網路商店、寄賣
客單價◉約2500日圓
出貨日◉週二・五

遵循長壽飲食法的烘焙點心網路專賣店
也向講究品質的咖啡廳出貨

「Cafe Banda」的烘焙點心，因為遵循不放奶油和鮮奶油等乳製品，以及雞蛋和精製白砂糖等材料的長壽飲食法而受到歡迎。

関牧子女士先前從事音樂工作，希望能夠「打造一個吸引人聚集的地方」，因此在2002年先選於東京・澀谷開設咖啡廳，但目前已休業。関女士原本就對自然飲食法感興趣，開業後更開始認真學習長壽飲食法，不知不覺間，咖啡廳的菜單已轉變為主要使用穀物或蔬菜的自然風格料理。2010年開始營運和咖啡廳同名的烘焙點心網路商店。以關心飲食的女性為中心，回頭客們紛紛給予強力支持。其實開設網路商店，是在關閉咖啡廳後才開始考慮的，関女士說道：「在咖啡廳剛開始營業時，我就抱持以10年為一個階段來思考新發展的想法。」在那之後，比預定稍晚些將咖啡廳於2013年6月關閉，但物件依然保持原樣承租，用作網路商店或外賣商品的工廠。

然而，不久就有朋友介紹了某間物件，同樣位在澀谷繁華街周邊的道路交叉口，是一間風格獨特、原為店鋪的房舍。雖然沒考慮過新開據點，卻覺得和那物件間有不可思議的緣份，於是在2015年6月開設自然飲食店「udo」，此後烘焙點心就在該店廚房利用空檔時間製作。開咖啡廳時，構思過的烘焙點心種類超過100種，但目前網路商店主要提供材料可以穩定進貨的品項，udo店內則會擺放幾種網路商店沒有的馬芬和司康，選用季節性食材且每天更換種類，同時也會每週兩次出貨馬芬和司康給附近的咖啡廳與咖啡站，各店家期待進貨的愛好者們正逐日增加。

馬芬
Muffin

將磅蛋糕（右）的麵糰放入馬芬模烘焙而成。網路商店主要以「試吃3入組」（980日圓）形式販售。udo賣的點心較少量且每日更換，因此也會有「無花果·薑糖·百里香」等獨創的產品亮相。

蛋糕
Cake

網路商店的招牌商品。固定提供10種（各1750日圓），另有3條優惠組（5000日圓）。照片由右上開始順時鐘方向，分別為「紅酒蘋果葡萄乾香料」、「鹽麴焦糖堅果」和「胡蘿蔔薑糖」。

餅乾
Cookie

米粉製作的雪球「米球」（圖右2款），降低甜度的「楓糖鹽動物餅乾」（左2款）。米球有「原味」和「可可亞」兩種，動物餅乾則有「肉桂」、「小松菜」與「梅子」等10種（均價670日圓）。

司康
Scone

加入葛粉的香脆豆漿司康，在網路商店上尤其受到回頭客的青睞。除了「原味」、「香料茶」以及「楓糖核桃」等固定販售的10種外，也有季節限定商品（2個460日圓起）。Udo店內每日會供應不同的2至3種。

カフェバンダ
Cafe Banda的烘焙甜點
店主●関 牧子女士

2002年創業的咖啡廳一開始是使用奶油和雞蛋製作烘焙點心,營運至第二年時,才依長壽飲食法的考量,完全不使用乳製品或蛋,以及精製白砂糖。話雖如此,為了讓更多人願意放下成見品嚐,我下了很多苦心研究,找出對長壽飲食法沒興趣的人也能滿意的配方。主要堅持的兩個要點就是「安心食材」和「美味」。例如使用國產麵粉,而水果乾、堅果和香料等也會選用有機產品,設法構思出擁有口感扎實、有層次感和深度等特點,會讓人單純覺得美味的配方。

磅蛋糕和馬芬是主力商品,麵糰配方相同,只有外型不一樣。麵粉類和液體類各自混合,最後再加在一起烘烤。這是長壽飲食法的固定程序,雖然不是什麼高難度的技巧,但食材的組合和配方就成了決定味道的關鍵。我經常將帶有甜味的素材,與點綴香氣口感的素材一併混合,創出配方。麵糰基本上是使用低筋麵粉、高筋麵粉、全麥粉和葛粉等等,糖類則是甜菜糖、楓糖和米飴等等,各自配合數種,並調整口感和甜度。司康和餅乾也一樣,我下了許多功夫研究如何保有香脆口感,又能恰到好處融在口中。

麵糰配方決定後,依照加進的食材能夠產生許多變化,甚至可說種類是無限多(笑)。網路商店或寄賣採用可穩定供給的商品,udo店內則準備以季節性蔬果作的當日限定馬芬或司康。堅持使用好食材雖然會有成本壓力,但盡量簡化包材,竭盡所能地壓下價格,以回饋支持者。

j. 網路商店包裝範例。以顏色漂亮的薄紙包著,和一張記載對食材的堅持,以及建議享用方式的傳單,一併塞在以自然材料打造的盒內。　*k:* 2016年春季推出原創的送禮用包裝,設計理念是「怦然心動感」,委託設計師老友操刀。　*l:*可加購贈禮用包裝紙和手提袋,附上貼紙。

某個出貨日的作息時間

11:00	測量材料份量。
13:30	製作餅乾1至2種, 司康2至3種, 磅蛋糕2至3種, 馬芬2至3種。
16:00	包裝、裝箱。
18:00	出貨(委託快遞業者配送)。

Data

內場&門市人員●関女士+2人
烤箱●營業用瓦斯旋風烤箱・
　　&家庭用電力旋風烤箱各1台

國家圖書館出版品預行編目(CIP)資料

Bake Shop！10家東京烘焙名店高人氣食譜╳
獨門經營心法大公開/
柴田書店 著.
-- 初版. -- 新北市：良品文化館, 2018.09
面； 公分. -- (烘焙良品；81)
ISBN 978-986-96634-7-2(平裝)
1.點心食譜 2.麵包

427.16 107014300

烘焙 良品 81

Bake Shop！
10家東京烘焙名店高人氣食譜
╳獨門經營心法大公開

編　　　著／柴田書店
譯　　　者／亞緋琉
發　行　人／詹慶和
總　編　輯／蔡麗玲
執　行　編　輯／陳昕儀
編　　　輯／蔡毓玲・劉蕙寧・黃璟安・陳姿伶・李宛真
執　行　美　編／周盈汝
美　術　編　輯／陳麗娜・韓欣恬
出　版　者／良品文化館
發　行　者／雅書堂文化事業有限公司
郵政劃撥帳號／18225950
戶　　　名／雅書堂文化事業有限公司
地　　　址／220新北市板橋區板新路206號3樓
電　子　信　箱／elegant.books@msa.hinet.net
電　　　話／(02)8952-4078
傳　　　真／(02)8952-4084

2018年09月初版一刷　定價350元

Bake Shop!
©SHIBATA PUBLISHING CO., LTD. 2016
Originally published in Japan in 2016 by SHIBATA PUBLISHING
CO., LTD.
All rights reserved. No part of this book may be reproduced in any
form without the written permission of the publisher.
Chinese translation rights arranged with SHIBATA PUBLISHING
CO., LTD., Tokyo through TOHAN CORPORATION, TOKYO.
and Keio Cultural Enterprise Co., Ltd.

經銷／易可數位行銷股份有限公司
地址／新北市新店區寶橋路235巷6弄3號5樓
電話／(02)8911-0825
傳真／(02)8911-0801

烘焙良品 19
愛上水果酵素手作好料
作者：小林順子
定價：300元
19×26公分·88頁·全彩

烘焙良品 20
自然味の手作甜食
50 道天然食材&愛不釋手
的 Natural Sweets
作者：青山有紀
定價：280元
19×26公分·96頁·全彩

烘焙良品21
好好吃的格子鬆餅
作者：Yukari Nomura
定價：280元
21×26cm·96頁·彩色

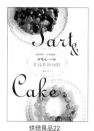

烘焙良品22
好想吃一口的
幸福果物甜點
作者：福田淳子
定價：350元
19×26cm·112頁·彩色+單色

烘焙良品23
瘋狂愛上! 有幸福味の
百變司康&比司吉
作者：藤田千秋
定價：280元
19×26 cm·96頁·全彩

烘焙良品 25
Always yummy !
來學當令食材作的人氣甜點
作者：磯谷 仁美
定價：280元
19×26 cm·104頁·全彩

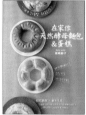

烘焙良品 26
一個中空模型就能作!
在家作天然酵母麵包&蛋糕
作者：熊崎 朋子
定價：280元
19×26cm·96頁·彩色

烘焙良品 27
用好油,在家自己作點心:
天天吃無負擔·簡單作又好吃
作者：オズボーン未奈子
定價：320元
19×26cm·96頁·彩色

烘焙良品 28
愛上麵包機:按一按,超好
作的45款土司美味出爐!
使用生種酵母&速發酵母配方都OK!
作者：桑原奈津子
定價：280元
19×26cm·96頁·彩色

烘焙良品 29
Q軟喔!自己輕鬆「養」玄米
酵母 作好吃の30款麵包
養酵母3步驟,新手零失敗!
作者：小西香奈
定價：280元
19×26cm·96頁·彩色

烘焙良品 30
從養水果酵母開始,
一次學會究極版老麵×法式
甜點麵包30款
作者：太田幸子
定價：280元
19×26cm·88頁·彩色

烘焙良品 31
麵包機作的唷!
微油烘焙38款天然酵母麵包
作者：濱田美里
定價：280元
19×26cm·96頁·彩色

烘焙良品 32
在家輕鬆作,
好食味養生甜點&蛋糕
作者：上原まり子
定價：280元
17×24cm·80頁·彩色

烘焙良品 33
和風新食感·
超人氣白色馬卡龍:
40種和菓子內餡的精緻甜點筆記!
作者：向谷地馨
定價：280元

烘焙良品 34
48道麵包機食譜特集!
好吃不發胖の低卡麵包PART.3
作者：茨木くみ子
定價：280元
19×26cm·80頁·彩色

烘焙良品 35
最詳細の烘焙筆記書I
從零開始學餅乾&奶油麵包
作者：稻田多佳子
定價：350元
19×26cm·136頁·彩色

烘焙良品 36
彩繪糖霜手工餅乾
內附156種手繪圖例
作者：星野彰子
定價：280元
17×24cm·96頁·彩色

烘焙良品37
東京人氣名店
VIRONの私房食譜大公開
自家烘焙5星級法國麵包!
作者：牛尾 則明
定價：320元
19×26cm·96頁·彩色

烘焙良品38
最詳細の烘焙筆記書II
從零開始學起司蛋糕&瑞士卷
作者：稻田多佳子
定價：350元
19×26cm·136頁·彩色

烘焙良品39
最詳細の烘焙筆記書III
從零開始學戚風蛋糕&巧克力蛋糕
作者：稻田多佳子
定價：350元
19×26cm·136頁·彩色

好評推薦

烘焙良品40
美式甜心So Sweet！
手作可愛の紐約風杯子蛋糕
作者：Kazumi Lisa Iseki
定價：380元
19×26cm・136頁・彩色

烘焙良品41
法式原味＆經典配方：
在家輕鬆作美味的塔
作者：相原一吉
定價：280元
19×26公分・96頁・彩色

烘焙良品42
法式經典甜點
貴氣金磚蛋糕：費南雪
作者：菅又亮輔
定價：280元
19×26公分・96頁・彩色

烘焙良品43
麵包機OK！初學者也能作
黃金比例の天然酵母麵包
作者：濱田美里
定價：280元
19×26公分・104頁・彩色

好評推薦

烘焙良品44
食尚名廚の超人氣法式土司
全錄！日本30家法國吐司名店
授權：辰巳出版株式会社
定價：320元
19×26 cm・104頁・全彩

好評推薦

烘焙良品45
磅蛋糕聖經
作者：福田淳子
定價：280元
19×26公分・88頁・彩色

烘焙良品46
享瘦甜食！
砂糖OFFの豆渣馬芬蛋糕
作者：粟辻早重
定價：280元
21×20公分・72頁・彩色

烘焙良品47
一人喫剛剛好！零失敗の
42款迷你戚風蛋糕
作者：鈴木理惠子
定價：320元
19×26公分・136頁・彩色

烘焙良品48
省時不失敗の聰明烘焙法
冷凍麵團作點心
作者：西山朗子
定價：280元
19×26公分・96頁・彩色

烘焙良品49
棍子麵包・歐式麵包・山形吐司
揉麵＆漂亮成型烘焙書
作者：山下珠緒・倉八冴子
定價：320元
19×26公分・120頁・彩色

烘焙良品66
清新烘焙・酸甜好滋味の
檸檬甜點45
作者：若山曜子
定價：350元
18.5 × 24.6 cm・80頁・彩色